# AI办公助手：
# ChatGPT+Office智能办公
# 从入门到实践（80集视频课）

宫祺 编著

清华大学出版社
北京

## 内容简介

人工智能（AI）时代，AI 技术的加持，尤其是基于深度学习的 ChatGPT 的出现，为人机交互、内容创作、教育辅导等领域带来了很多新的应用可能性。而 ChatGPT 与 WPS、Office 等办公软件的结合，为现代智能化办公提供了强大助力，极大地提升了办公效率。

本书就是一本介绍如何借助 ChatGPT 实现高效办公的图书，全书分为入门篇和实践篇两篇。入门篇介绍了 ChatGPT 的注册流程、登录方式、基本功能以及提示词的写作技巧，同时还概述了 ChatGPT 与 Word、Excel、PowerPoint 环境结合使用的情况。实践篇则详细介绍了如何利用 ChatGPT 来辅助进行文档创作、表格处理和演示文稿设计。其中，文档创作部分涵盖工作总结、论文撰写、商业信函和广告文案等；表格处理部分涵盖数据整理、函数编写和数据分析等；演示文稿部分涵盖大纲制定、内容细化和设计提升等。

本书注重实践应用且案例丰富，既适合初涉 ChatGPT 的入门读者学习，也适合那些想借助 ChatGPT 提高工作效率、提升职场竞争力的财务、人力资源、行政文秘等人群学习，还适合高校师生参考学习。

**图书在版编目（CIP）数据**

AI办公助手:ChatGPT+Office智能办公从入门到实践：80 集视频课 / 宫祺编著 . -- 北京：清华大学出版社，2024.12. -- ISBN 978-7-302-67624-9

Ⅰ．TP317.1

中国国家版本馆 CIP 数据核字第 2024MU8427 号

**责任编辑：**杜　杨
**封面设计：**墨　白
**责任校对：**徐俊伟
**责任印制：**刘　菲
**出版发行：**清华大学出版社
　　　　　　网　　　址：https://www.tup.com.cn，https://www.wqxuetang.com
　　　　　　地　　　址：北京清华大学学研大厦 A 座　　邮　　编：100084
　　　　　　社 总 机：010-83470000　　　　　　　　邮　　购：010-62786544
　　　　　　投稿与读者服务：010-62776969，c-service@tup.tsinghua.edu.cn
　　　　　　质 量 反 馈：010-62772015，zhiliang@tup.tsinghua.edu.cn
**印 装 者：**大厂回族自治县彩虹印刷有限公司
**经　　销：**全国新华书店
**开　　本：**170mm×240mm　　**印　　张：**13.75　　**字　　数：**347 千字
**版　　次：**2024 年 12 月第 1 版　　**印　　次：**2024 年 12 月第 1 次印刷
**定　　价：**79.80 元

产品编号：108212-01

# 前 言 PREFACE

　　随着科技的飞速发展，人工智能正在深刻地改变着人们的工作和生活方式。作为一款强大的自然语言处理模型，ChatGPT已经在各行各业中展现出巨大的潜力。在当今办公领域，生产力和创新水平已经成为决定其市场竞争力的核心。伴随人工智能技术的飞速进步，特别是自然语言处理方面的重大进展，像ChatGPT这样的人工智能模型，已逐渐成为加强办公自动化及智能化的有力武器。

　　利用ChatGPT辅助进行日常办公，将会开启智能办公的新模式，为人们的工作带来前所未有的便捷。ChatGPT能够运用其理解和创造自然语言的强大功能在处理文本和数据工作方面提供多样化的协助，帮助用户在多种工作场景中实现自动化和优化。

　　为了让读者更好地了解和学习如何运用ChatGPT来进行智能化办公，本书应运而生。书中将详细介绍如何有效地使用ChatGPT工具解决实际工作中经常遇到的挑战。从基础的注册、登录及基本功能介绍到深入探索ChatGPT的高级功能与插件的使用，本书旨在为读者提供一个丰富且实用的学习和参考指南。

　　**本书共分为两篇**：入门篇和实践篇。入门篇主要介绍ChatGPT的注册及登录、基本功能、应用插件、提示词，以及ChatGPT在办公软件中应用的概念与优势等。通过对这一部分的学习，读者可以初步了解ChatGPT的基本知识，为后续的实践应用打下基础。

　　实践篇是本书的重点，包括文档创作、表格处理和演示文稿3章，通过具体的案例演示来详细讲解ChatGPT在Word、Excel及PowerPoint这3个办公软件中的智能化应用。

　　在这些案例中，读者既能学习如何利用ChatGPT来撰写工作总结、商业信函和广告文案等不同类型的文档，又能了解到怎样通过ChatGPT来协助处理表格制作、函数编写、数据查找与分析等常见的表格类难题，同时还能知晓用ChatGPT来提升演示文稿创作质量与效率的实用技巧。本书的每个实际案例都配有详尽的步骤说明并且随书附赠了视频版教程，确保读者可以跟随指南一步步提高其在智能办公领域的专业能力。

　　为了确保读者能够获得最大的实用价值，本书还包含大量的操作心得与技巧提示，这些内容基于作者在实际案例操作中的经验反馈汇编而成，无论是初学者还是有经验的专业人士，都能在书中找到提高自己对办公软件使用技能和工作效率的方法。

我们希望通过本书能够帮助读者尽可能地掌握利用 ChatGPT 来提高办公效率的技能，以更好地适应未来的办公需求。在人工智能技术不断进步的今天，希望本书能够成为大家的良师益友，助大家在未来的工作和生活中保持竞争力，并且在智能办公的道路上越走越远。

为了方便读者学习，本书还特别赠送了一些辅助学习资源，如视频讲解，感兴趣的读者可扫描下面的二维码下载。

尽管作者和编辑团队在编写过程中已竭尽所能，但限于时间、篇幅等原因，加之 ChatGPT 模型的更新迭代较快，书中难免存在疏漏之处，恳请各位读者能体谅包涵，给予反馈。

编者

2024 年 8 月

# 目 录 CONTENTS

## 入 门 篇

## 实 践 篇

AI办公助手：ChatGPT+Office智能办公从入门到实践（80集视频课）

# 第3章　表格处理 ················· 151

入门篇

# 第1章 认识ChatGPT

## 1.1 ChatGPT 的注册及登录

ChatGPT 是由 OpenAI 开发的大型人工智能语言模型，能够理解和生成自然语言文本，并适用于多种应用，如聊天机器人、内容创作辅助及自动化客服等。通过利用海量的文本数据进行预训练，ChatGPT 学习了语言的深层结构和用法，因此能够在没有特定领域训练的情况下，进行复杂的语言交流和生成。

在使用 ChatGPT 之前，需要先进行注册和登录，注册的账号同时也是登录 OpenAI 的账号，可以用于访问 ChatGPT 及其他 OpenAI 的产品和服务。下面简单介绍关于 ChatGPT 注册与登录的方法。

**步骤 01** 开始注册。打开 OpenAI 官方网站，如果是初次使用 ChatGPT，单击右上角的 Try ChatGPT 按钮，如图 1.1 所示。

图 1.1

在跳转之后的页面中单击 Sign up 按钮，如图 1.2 所示。

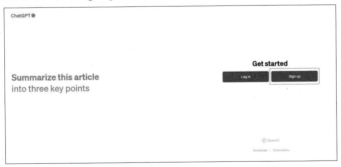

图 1.2

> **提示**
>
> 如果用户已经注册过账号，在此页面中单击 Log in 按钮即可进行登录。

**步骤** 02 设置账号与密码。此时会打开一个注册页面，在"电子邮件地址"文本框中输入电子邮件地址，单击"继续"按钮，如图 1.3 所示。

在"密码"文本框中输入登录密码，单击"继续"按钮，如图 1.4 所示。

AI 办公助手：ChatGPT+Office智能办公从入门到实践（80集视频课）

图 1.3 　　　　　　　　图 1.4

**步骤** 03 进行邮箱验证。此时 OpenAI 会向之前输入的电子邮箱发送一封验证邮件，在邮箱内查收该邮件，单击邮件内的 Verify email address 按钮进行验证，如图 1.5 所示。

图 1.5

邮箱验证完毕后，返回并刷新 ChatGPT 注册页面，按提示填写个人信息并进行手机号码验证后，即可完成注册。

**步骤** 04 开始登录。打开 OpenAI 官方网站，单击右上角的 Log in 按钮，在跳转之后的页面中选择 ChatGPT 选项，如图 1.6 所示。

在新打开的页面中单击 Log in 按钮，如图 1.7 所示。

图 1.6 　　　　　　　　　　图 1.7

在"电子邮件地址"文本框中输入已注册的电子邮件地址，然后单击"继续"按钮，如图 1.8 所示。

在"密码"文本框中输入注册时设置的密码，然后单击"继续"按钮，即可进入 ChatGPT 首页，如图 1.9 所示。

图 1.8

图 1.9

> **提示**
>
> 目前，登录 ChatGPT 后，如果没有退出登录，系统就会一直保持登录状态，下一次只需单击官网首页右上角的 Try ChatGPT 按钮即可直接进入 ChatGPT 首页。

**步骤 05** 升级版本。ChatGPT 自推出以来，OpenAI 已经发布了多个版本，每个版本都在性能、功能和可用性等方面有所改进。2023 年，OpenAI 推出了 ChatGPT 的最新版本 ChatGPT 4.0，它是一个跨模态模型，不仅能处理文本，还能理解和生成图像。读者可根据自己的需求来决定是否要对 ChatGPT 的版本进行升级。如果想要升级版本，可以按以下步骤进行操作。

在首页左上角的 ChatGPT 3.5 处单击，在弹出的下拉列表中单击 Upgrade to Plus 按钮，如图 1.10 所示。

图 1.10

在打开的页面中选择自己需要的版本，单击其下方对应的按钮，在跳转的订阅页面中进行支付即可，如图 1.11 所示。

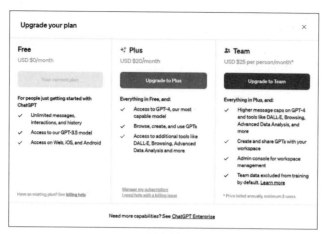

图 1.11

## 1.2 ChatGPT 的基本功能

　　用户登录 ChatGPT 之后，便可以开始与 ChatGPT 进行对话。在界面底部的对话框里输入任何问题或话题，ChatGPT 都会为用户提供与问题或主题相关的答案与对话。下面演示与 ChatGPT 进行对话和管理对话记录的过程。

　　**步骤 01** 输入问题或关键词。在 ChatGPT 首页界面底部的对话框中输入：什么是人工智能？然后单击右侧的箭头按钮或者按 Enter 键进行提交，如图 1.12 所示。

图 1.12

**锦囊妙计**

　　（1）在输入问题时，如果需要换行，可以按 Shift+Enter 组合键。

　　（2）每次进入 ChatGPT 首页，都会在对话框上方随机生成 4 个问题或主题关键词，如果对这些推荐的问题或主题感兴趣，单击即可获取 ChatGPT 的回答。

　　**步骤 02** 获取和查看回答。提交问题或关键词之后，便会在界面上方出现 ChatGPT 的回答，如图 1.13 所示。

　　**步骤 03** 管理回答。将鼠标指针移至答案界面附近，会在答案下方出现 4 个操作按钮，依次是 Read Aloud（朗读）、Copy（复制）、Regenerate（重新生成）、Bad Response（错误回复），单击相对应的按钮，便会立刻执行这些操作，如图 1.14 所示。

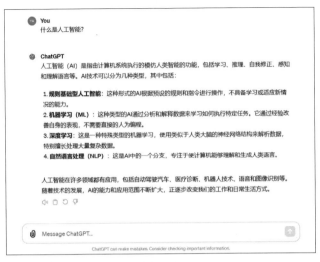

图 1.13

图 1.14

**步骤 04** 暂停生成回答。在等待 ChatGPT 生成回答的过程中，如果想要暂停生成回答，单击对话框右侧出现的"暂停"按钮即可，如图 1.15 所示。

图 1.15

**步骤 05** 上传文件。ChatGPT 4.0 版本支持上传文件，单击对话框左侧的"上传"按钮，即可向 ChatGPT 发送相应的文件（包括图片、文档等），如图 1.16 所示。

图 1.16

**锦囊妙计**

ChatGPT 4.0 之前的版本模型仅支持对话，无法上传文件。

**步骤 06** 管理对话记录。ChatGPT 首页左侧边栏里会出现生成过的对话记录，用户可以对这些记录进行管理。选择某一条对话记录，单击其右侧的 More 按钮，在下拉列表中单击 Share 按钮，即可分享对话记录；单击 Rename 按钮，即可更换对话记录的名字；单击 Delete chat 按钮，即可删除该对话记录。如图 1.17 所示。

单击 Archive 按钮，可以对这条对话记录进行归档，如图 1.18 所示。对于归档后的对话记录，可以在"设置"中进行查看。

图 1.17

图 1.18

**锦囊妙计**

将鼠标指针移至左侧边栏边界处，可以通过提示来选择"打开"或者"关闭"边栏。

**步骤 07** 账号设置与管理。单击 ChatGPT 界面左下方的用户名会弹出一个列表，如图 1.19 所示。

图 1.19

单击"我的套餐"（My Plan）按钮，可以查看该账户的订阅计划详情页面；单击"我的 GPT"（My GPTs）按钮，可以创建或定制自己专属的 ChatGPT 模型；单击"自定义 ChatGPT"（Customize ChatGPT）按钮，可以设置或修改个性化的 GPT 模型的自定义指令或参数；单击"设置"（Settings）按钮，可以提供对账户设置的访问，如隐私设置、通知和界面偏好等；单击"注销"（Log Out）按钮，可以退出登录。

## 1.3 ChatGPT 的应用插件

为了增强和扩展功能，ChatGPT 支持在其框架上开发和集成其他 GPT 应用。这些应用插件可以帮助 ChatGPT 与外部应用和服务进行交互，从而扩展其基本的对话能力。用户可以根据自己的需求来选择和配置插件，使 ChatGPT 能够提供更个性化的信息和服务。通过这些插件，

ChatGPT 不仅仅是一个简单的聊天机器人，更是一个多功能助手，可以与用户进行更复杂的互动，也能够在多种场合下为用户提供帮助。本节将为大家简单介绍在 ChatGPT 中使用应用插件的方法。

**步骤 01** 打开应用插件页面。进入 ChatGPT 首页，单击左上角的 Explore GPTs 按钮，如图 1.20 所示。

图 1.20

**步骤 02** 选择应用插件。在跳转到的应用插件页面中，可以浏览或者在搜索框中搜索自己想要的应用插件，如图 1.21 所示。

在看到感兴趣的应用插件以后，单击该应用插件按钮即可，如图 1.22 所示。

图 1.21

图 1.22

**锦囊妙计**

单击每种类型分区最下方的 See more 按钮，可以查看更多的应用插件。

**步骤 03** 使用应用插件。在弹出的页面中单击 Start Chat 按钮，即可开始使用该应用插件，如图 1.23 所示。

图 1.23

## 1.4 ChatGPT 的提示词

当与 ChatGPT 进行对话时，经常会使用提示词（prompt）。提示词是指向 ChatGPT 提出的一个问题或者请求，它是告诉 ChatGPT 要做什么或者聊什么的信息。用户可以通过输入一段文本，即提示词，来引导 ChatGPT 的回答或行动。

### 1.4.1　提示词的重要性

ChatGPT 输出的内容是根据用户输入的提示词来决定的，因此提示词表达的含义往往也会影响到输出内容的质量。通过提示词，用户可以对 ChatGPT 生成的文本内容、长度、风格等进行控制，因此，只有合理且有效的提示词才能让 ChatGPT 生成最符合用户需求的回答。下面先通过两个实例来对比无效的提示词与有效的提示词会让 ChatGPT 输出的文本出现怎样的区别。

---

**无效的提示词案例**

在对话框中输入：**帮我写一篇文章。**

**⑤ ChatGPT：**

当然可以！请问您想要写什么主题的文章？是学术论文、观点文章、新闻报道还是其他类型？还有，您有没有特定的要求，比如文章的长度、结构或者特别想要包括的点？这样我可以更好地帮助您。

---

**有效的提示词案例**

在对话框中输入：**帮我写一篇关于视频大模型 Sora 问世的新闻报道，字数在 200 字左右。**

**⑤ ChatGPT：**

当然可以。以下是一篇关于视频大模型 Sora 问世的新闻报道草稿。

**标题：** 创新视频大模型 Sora 正式发布，开启视觉 AI 新纪元

全新的视频分析大模型 Sora 于今日正式发布，这一由领先人工智能公司开发的模型旨在通过先进的深度学习技术改善视频内容的自动分析和生成。

Sora 模型结合了最新的机器学习算法和大规模数据处理能力，能够实现高效的视频解析、内容标注，以及生成逼真的视频内容。其强大的功能预计将在媒体制作、视频监控和在线教育等多个领域发挥巨大作用。

该公司表示，Sora 模型的研发是响应视频内容分析需求日益增长的市场。未来，Sora 将不断优化升级，以适应日新月异的技术发展和市场需求。

---

从上述实例中可以看出，有效的提示词可以让用户及时获取更有质量或者更符合需求的回答。

### 1.4.2　提示词的撰写规范

为了更好地与 ChatGPT 进行交互，可以按以下原则来规范提示词的使用。

（1）**明确性与精确性：** 如果提示词模糊不清或含糊其辞，ChatGPT 可能无法提供有效的回答。明确、具体的提示词可以使 ChatGPT 更准确地理解用户的需求，从而生成更相关、更有用的回答。例如，如果用户询问"请解释牛顿的第二定律"，这比简单地说"谈谈牛顿的定律"要更直接和具体。

（2）**正确的语法表达：** 要注意提示词不应含有错别字、标点错误及其他语法错误，否则

可能会让 ChatGPT 产生误解。

（3）**包含完整信息**：提示词中要尽可能包含完整的信息或背景，特别是当问题涉及专业领域或复杂的情境时。这可以帮助 ChatGPT 更好地理解上下文，从而提供更合适的回答。

（4）**简洁性与目的性**：用户要在避免冗长表达的前提下尽可能地向 ChatGPT 提供详细且必要的信息，减少 ChatGPT 理解的误差，同时应该清楚地表述自己想要获得的结果。例如，是寻求建议、需要解释概念、寻找创意想法还是需要帮助进行决策等。

## 1.4.3　提示词的优化技巧

除了上述规范，还可以结合一些实用技巧来优化提示词，以让 ChatGPT 生成更优质的回答。

（1）**导向特定领域或风格**：用户可以通过提示词引导 ChatGPT 专注于特定的主题或以特定的风格来回答。例如，可以要求"用诗歌的形式描述日出"或"按照科学论文的格式解释量子力学"。

（2）**设定回答的格式**：如果有特定的格式需求，也需要向 ChatGPT 明确指出，例如"请用列表的形式给出答案"或"用非正式语言描述"。

（3）**添加适当的细节**：用户可以根据需要的答案的复杂程度，来调整提示词的详细程度。例如，如果我需要深入分析，可以使用"详细分析"这样的词汇。

（4）**设定身份与角色信息**：为了让 ChatGPT 更好地理解问题背景，可以先给它设定一个具体的身份或者角色，从而生成更符合使用场景的文案。

（5）**分步骤提问**：如果需要解决的问题过于复杂或有多个部分，分步骤提出问题可以帮助大家更系统地获得需要的信息。

接下来通过具体的实例来展示优化提示词对 ChatGPT 回答质量的影响。

---

**优化前**

在对话框中输入：给我一些关于写小说的建议。

**⑤ ChatGPT：**

写小说时，重要的是要坚持写作，定期安排写作时间。构建鲜明的角色和紧凑的情节是吸引读者的关键。此外，经常阅读可以改进你的写作技巧和文风。最后，不要害怕重写和编辑，这是提高小说质量的重要步骤。

上述案例中，优化前的提示词非常宽泛，未提供具体的小说类型或作者面临的具体挑战。因此，ChatGPT 只提供了一些基本的、普遍适用的写作建议，这些建议比较缺乏针对性。

---

**优化后**

在对话框中输入：我是一名小说家，正在写一本科幻小说。我在塑造一个外星角色来地球的动机和背景方面遇到困难，这个角色是故事的关键，他从一个敌对的外星种族中来到地球。我希望这个角色来到地球的动机深刻且符合他的种族文化背景。

**⑤ ChatGPT：**

在科幻小说中塑造外星角色时，考虑角色的种族文化背景非常重要。首先，你可以构想这个外星种族的社会结构、宗教信仰、价值观念和技术水平。例如，如果他们处在一个高度集体主义的社会，那么这个角色来到地球的动机可能与他们的社会目标紧密相关。其次，考虑他为什么要来到地球，是为了寻求帮助、进行探索还是逃离某种灾难？这些因素将决定他的行为模式和冲突。最后，你可以通过他与地球文化的互动来展示他的个性和背景，这样不仅增加了角色的深度，也丰富了你的故事情节。

优化后的提示词详细说明了小说的类型、具体的写作挑战和作者的具体需求，使得ChatGPT 在后面的回答中提供了更专业和更具体的建议。

## 1.5 ChatGPT+Office 智能办公

随着科技的不断发展，人工智能技术逐渐改变着人们生活和工作的方式，尤其是在办公领域，人工智能技术的应用也越来越广泛。将 ChatGPT 与传统的 Office 软件相结合进行智能办公就是在这一领域出现的新动态。

### 1.5.1 ChatGPT+Office 的概念

ChatGPT+Office 智能办公是指将自然语言处理技术（Natural Language Processing，NLP）与 Office 软件相结合，通过 ChatGPT 来辅助完成各种办公任务，提高办公效率的新型办公方式。ChatGPT 可以理解自然语言并根据用户的需求生成相应的回复。将 ChatGPT 与 Word、Excel、PowerPoint（PPT）等 Office 办公软件结合使用，可以让用户在办公的过程中更加便捷地获取信息、处理数据和撰写文档等。

### 1.5.2 ChatGPT+Word：使用 ChatGPT 来辅助文档创作

ChatGPT 与 Word 的结合可以作为强大的工具来提升文档编写、编辑和校对的效率与质量。通过将 ChatGPT 先进的自然语言处理技术融入 Word 广泛使用的文本处理功能中，大家可以享受到更加智能和便捷的写作体验。

首先，ChatGPT 可以在文档构思阶段给予用户极大的助力，帮助用户快速起草和生成文本。无论是商务报告、学术论文还是创意写作，只需简述其大致需求和文档目的，ChatGPT 就能提供一个结构化的草稿或文本建议。这不仅加快了写作进程，也有助于克服各种常见的写作障碍。

在文本编辑和优化方面，ChatGPT 的能力同样显著。它可以根据具体需求提供关于语法修改、词汇替换和风格调整等方面的建议。例如，在法律文件或学术文章中，ChatGPT 能够确保语言的准确性和专业性。对于创意写作，它还能提供多样化的风格选择，使文本更具吸引力。

此外，在进行文档校对时，ChatGPT 也能发挥重要作用。它可以检测拼写错误、语法问题及风格不一致等常见问题并提供修正建议。这一功能不仅节省了大量的校对时间，还提高了文档的整体质量。

在需要处理大量信息和数据时，ChatGPT 也能提供一定的支持。例如，在处理研究数据时，ChatGPT 可以帮助用户整理和总结关键信息，同时也可以生成易于理解的报告和分析。

最后，ChatGPT 的多语言能力也扩展了 Word 的使用范围。它可以帮助用户将文档翻译成多种语言，且保证文本在不同文化和语言背景下的准确性和可读性，这对国际业务交流尤为重要。

ChatGPT 与 Word 的结合让文档的创建和编辑过程更加流畅和高效，无论是在内容生成、文本编辑、信息整理还是多语言翻译方面，都能显著提升用户的工作效率和文档质量。这种融合的工具不仅适用于专业人士，也适合任何需要提高写作质量和效率的用户。

## 1.5.3 ChatGPT+Excel：使用 ChatGPT 来处理表格与数据

ChatGPT 与 Excel 的结合打开了数据处理和自动化的新视野，极大地提升了 Excel 在数据分析、报告创建和决策支持方面的效率。这种结合主要通过以下几个方面实现增值。

首先，ChatGPT 可以帮助优化 Excel 的使用流程。对于复杂的 Excel 功能，如公式、宏或数据透视表，可能需要查询文档或在线资源才知道使用方法。而 ChatGPT 可以提供即时帮助，指导用户如何使用这些高级功能，甚至直接生成可用的公式代码，让用户更轻松地完成任务。

其次，ChatGPT 可以帮助用户提升处理数据的效率。它可以根据用户使用自然语言提出的需求来快速地将数据或文本资料生成表格和图表，不仅降低了表格和数据处理的技术门槛，更是极大地节省了手动整理数据和设置图表的时间。

最后，ChatGPT 能够帮助用户解析和探究复杂数据集。当用户向 ChatGPT 提出数据的相关问题时，它能够运用自然语言处理技术阐释数据分析结果，并提供基于数据见解的建议。

此外，ChatGPT 还可以用于增强 Excel 的决策支持功能。通过模拟不同的经济或业务情境，ChatGPT 可以帮助用户预测未来的业务表现，并基于这些预测来制定策略。

ChatGPT 与 Excel 的结合不仅使数据分析更加深入和直观，还简化了数据处理和决策制定的过程。这种结合使得 Excel 的功能得到了极大的扩展，帮助用户以更高效、更智能的方式处理和分析数据。

## 1.5.4 ChatGPT+PowerPoint：使用 ChatGPT 来辅助创作演示文稿

ChatGPT 与 PowerPoint 相结合极大地提升了创建、设计和完善演示文稿的效率。这种整合发挥了 ChatGPT 的语言处理能力和 PPT 在视觉展示与布局方面的优势，让用户在准备演示时能更加高效、专业，同时吸引观众的注意力。

首先，ChatGPT 可以为用户在策划演示内容时提供创意支持。只需简单地描述演讲主题和特定需求，ChatGPT 便能提供结构化的内容建议，比如演讲的开头、发展和结尾。此外，它还能帮助用户形成连贯的论述逻辑，从而有效地传递信息。

其次，在撰写演示文稿的文本时，ChatGPT 也有卓越的表现。它可以帮助用户编写或优化演讲稿的每个部分，包括标题和注释等。同时，能够在确保文本语法正确的基础上，使整个文本富有吸引力和说服力，并且能够调整文本的风格，以适应不同的观众。

在数据可视化方面，ChatGPT 也大有用武之地。它能够从复杂数据中提取关键信息并推荐最适合的图表类型，确保数据的有效传达。对于需要在 PPT 中展示的数据和图表，ChatGPT 还能够解释数据背后的故事，帮助用户更好地理解和记忆信息。

在演讲练习和反馈环节，ChatGPT 也能提供实质性的帮助。当用户将自己的演讲稿输入给 ChatGPT，它就能提供反馈并提出相应的改进建议。

最后，对于多语言演示的需求，ChatGPT 同样能提供支持。如果需要将演示文稿翻译成其他语言，ChatGPT 可以快速提供准确的翻译并确保信息在不同语言之间准确传达，帮助用户触达更广泛的国际听众。

ChatGPT 与 PPT 的结合为用户提供了一个从内容创意到文本撰写，再到数据解释和演讲练习的全方位辅助工具，大大提高了演示文稿的质量和效果，使得演示过程更为流畅和有影响力。这种技术的融合也开启了一个新的演示制作和交流的时代。

在本书的实践篇中，将通过一系列详细的案例来展示 ChatGPT 与 Microsoft Office 中的三大核心软件——Word、Excel 和 PowerPoint 相结合使用的过程。在实例中，读者将能直观地看到 ChatGPT 在文档编辑、数据分析及演示文稿制作中的应用，从而能够学会实际操作并融入日常的工作流程中。

实

践

篇

# 第2章 文档创作

## 2.1 公文写作

在快节奏的工作环境中,有效的文档写作技巧显得尤为重要。本章将从公文写作、学术教育、文学创作、营销宣传、电商与新媒体、职场提升、团队协作与效率等板块,详细展示如何借助ChatGPT的力量,轻松、高效地完成各类文档创作。

### 2.1.1 使用 ChatGPT 撰写工作总结

工作总结是对工作成果、经验和教训的呈现与反思,它可以帮助用户更好地规划未来的工作方向,提高工作效率与质量。ChatGPT可以帮助用户对思路进行归纳和整理,快速写出工作总结。

**1. 思维导图**

确定基本框架 ⟶ 生成文章主体 ⟶ 细化与扩充 ⟶ 校对与调整

**2. 操作步骤**

ChatGPT可以根据需要汇报的主题与受众来帮助用户梳理和构建工作总结的框架,同时细化其中的内容,在提高效率的前提下助力用户完成一份高质量的工作总结报告。

**步骤 01** 确定基本框架。用户可以向ChatGPT表明自己的职业身份和需要工作总结的主题,好让它在理解职业背景的前提下,根据主题来确定工作总结的框架,为后续扩充内容提供可靠的结构参考。

> 在对话框中输入:**我是一名图书公司的编辑,我需要针对上一年度的工作内容写一份工作总结报告,请帮我确定报告的大纲。**

**⑤ ChatGPT:**

当撰写图书编辑部的工作总结报告时,可以考虑以下大纲。

工作总结报告大纲

I. 简介
- 公司/编辑部简介
- 报告目的和范围

II. 上一年度的工作概况
- 工作期间:起止日期
- 编辑部人员组成和结构
- 主要职责和目标

### III. 主要成就

- 新出版图书的数量和质量
- 与作者的合作关系发展
- 与其他部门的协作成果
- 荣誉或奖项

### IV. 项目回顾

- 项目名称 1：目标、进展、结果
- 项目名称 2：目标、进展、结果

......

### V. 错误和改进

- 识别的错误、挑战或不足之处
- 解决方案和改进措施

### VI. 未来展望

- 新的目标、计划和策略
- 新项目、合作伙伴关系、市场趋势分析和预测

### VII. 感谢

- 对编辑团队成员、作者、合作伙伴和其他部门的感谢

### VIII. 结论

- 工作总结报告的主要内容总结
- 对未来的信心和期望

---

**锦囊妙计**

　　如果对大纲整体结构满意，但不清楚该如何具体撰写其中的内容，可以向 ChatGPT 寻求完善大纲的建议，或者让它针对这份大纲给出撰写内容的建议，ChatGPT 会为用户列出每个部分的写作要点。

---

**步骤 02** 生成文章主体。在明晰了基本结构框架的前提下，可以直接要求 ChatGPT 根据大纲生成文章主体。

在对话框中输入：**请按照上述大纲格式生成工作总结报告，要求内容翔实具体。**

**ChatGPT：**

工作总结报告

I. 简介

编辑部是我们公司的重要部门之一，负责确保图书出版项目的顺利进行和质量保障。本报告旨在对编辑部过去一年的工作进行全面总结，评估我们的成绩和挑战，并展望未来的发展方向。

II. 上一年度的工作概况

- 工作时间：20×× 年 1 月 1 日至 20×× 年 12 月 31 日
- 编辑部人员组成和结构

编辑总监：王小明

编辑：张美丽、李华、刘强、赵云

助理编辑：王芳、陈建、杨慧

● 主要职责和目标

出版新图书，保证数量和质量

与作者建立合作关系，确保项目进度

与市场、销售等部门协作，推动图书销售和市场推广

......

## VII. 感谢

我们衷心感谢编辑团队成员、作者、合作伙伴和其他部门的辛勤工作和支持，正是你们的付出才有了我们的成绩和荣誉。

## VIII. 结论

在过去的一年中，编辑部取得了显著的成就，但也发现了一些问题和挑战。展望未来，我们将以更加饱满的热情和坚定的信心，为公司的发展和读者的满意度不断努力奋斗。

**步骤 03** 细化与扩充。如果 ChatGPT 直接生成的文章主体字数不够或者内容不够详尽，用户可以在此基础上自行扩充内容或者让 ChatGPT 继续对每个部分的内容进行细化。

在对话框中输入：**请给出一段关于主要成就的详细内容，不要分段叙述，400 字左右。**

**⑤ ChatGPT:**

在过去的一年中，我们编辑部取得了令人瞩目的一系列成就，彰显了团队的专业素养和卓越能力。首先，我们成功出版了一系列新书籍，其中包括多本备受读者喜爱和专业认可的作品。我们致力于确保每一本图书的质量和内容都达到最高标准，这不仅提高了我们的品牌声誉，也赢得了读者的信任和支持。与此同时，我们与各领域的优秀作者建立了密切合作关系，共同打造了一系列精彩的图书作品。这些成功的合作不仅丰富了我们的图书目录，也为未来的合作奠定了坚实的基础。此外，我们还与公司的其他部门展开了紧密合作，共同推动了多个跨部门项目的顺利进行。通过与市场营销团队、销售部门和设计团队等部门的密切协作，我们不仅成功推广了图书，还提高了销售量和市场份额。最后，我们的辛勤工作和卓越表现得到了公司的认可和赞赏，我们荣幸地获得了多个奖项和荣誉，这进一步激励我们在未来的工作中不断追求卓越和创新。我们为过去一年取得的成就感到自豪，并充满信心地展望未来。我们将继续努力，为公司的发展和读者的满意度做出更大的贡献。

**锦囊妙计**

（1）在细化内容时，如果想要 ChatGPT 以一整段的形式输出内容，可以在与其对话时加入类似"不要分段叙述"等提示词。

（2）在提示词中加入字数要求，可以让生成内容的详略更符合需求。

**步骤 04** 校对与调整。用户可以把生成的内容复制粘贴到 Word 文档中，调整它的字体

与版式，并且通读全文进行检查以保证文章逻辑顺畅，结构连贯。

## 2.1.2　使用 ChatGPT 完成工作周报

作为一种定期汇报工作进展、成果、遇到的问题，以及下一步计划的报告，工作周报可以确保团队成员及时了解项目进展与未来工作的方向，有效地促进个人与团队的自我管理和自我提升。ChatGPT 不仅可以帮助用户快速生成周报草稿，还可以根据需求生成符合要求的周报内容。

┃1. 思维导图┃

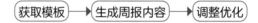

获取模板 ──→ 生成周报内容 ──→ 调整优化

┃2. 操作步骤┃

在撰写周报时，ChatGPT 往往可以帮助用户节省起草初稿的时间。当用户不熟悉周报的撰写时，也可以将 ChatGPT 作为快速学习和培训的工具，帮助用户掌握编写周报的技巧。

步骤 01　获取模板。用户可以直接询问 ChatGPT 如何撰写一份工作周报，它会给出通用的工作周报模板供用户参考或使用。

---

在对话框中输入：如何撰写一份工作周报？

⑤ ChatGPT：

以下是撰写工作周报的基本步骤和内容结构。

1. 周报标题
● 标题：包括姓名、部门、日期范围等信息。

2. 本周工作总结
● 已完成的任务：列出本周完成的主要任务和项目，包括任何特定成果或进展。
● 工作成绩：简要说明你的工作如何为团队或公司的目标做出了贡献，包括任何可量化的成果。

3. 遇到的问题及解决方案
● 问题：描述本周在工作中遇到的主要问题或挑战。
● 解决方案：概述你如何解决这些问题或者你打算如何解决尚未解决的问题。

4. 下周工作计划
● 计划任务：列出下周计划完成的主要任务和项目，包括任何特定的计划或期望。
● 需要支持和资源：如果你需要额外的支持、资源或信息来完成这些任务，这里要提出来。

### 5. 反馈和建议

● **反馈**：提供对团队、流程或项目的反馈，包括任何建议的改进措施。

● **个人发展**：简要说明你如何计划提升自己的技能或知识，以更好地完成工作。

### 6. 附加信息

● **特别注意事项**：任何值得注意的事项，如即将到来的假期、出差计划等。

### 7. 格式和风格建议

● **简洁明了**：保持周报简洁、有条理，避免冗长的描述。

● **使用项目符号或编号**：这有助于清晰地区分不同的任务和点。

● **积极的语气**：即使在描述问题时，也尽量保持积极的态度。

● **定期提交**：选择每周的固定时间提交周报，保持一致性。

---

**锦囊妙计**

　　如果觉得这份模板不合适或者需要调整，可以继续向 ChatGPT 发送相关指令直到获取自己想要的工作周报模板，同时也可以将其复制粘贴到 Word 或者 WPS 文档中，根据自己的具体工作情况调整格式。

---

**步骤 02** 生成周报内容。将一周的工作内容、进度和下周工作计划告诉 ChatGPT，让它根据模板补充内容，也可以直接让 ChatGPT 根据特定的职业和身份生成工作周报。

---

**在对话框中输入：你是一名广告公司的策划，请根据上述模板结构生成一份工作周报。**

**⑤ ChatGPT：**

基于你提供的周报结构，以下是一个广告公司策划人员的工作周报示例。

**标题**：李薇—广告策划部—工作周报（2024 年 3 月 1 日—2024 年 3 月 5 日）

**本周工作总结**

**1. 已完成的任务**

● 完成了客户 A 的春季促销活动广告方案设计，包括视觉创意和文案策划。

● 协调设计和媒介购买团队，确保了广告素材的按时交付和发布。

**2. 工作成绩**

● 客户 A 的春季促销活动广告首周内点击率超出预期 10%，客户满意度高。

● 通过优化广告投放时间，降低了 15% 的广告成本，提高了 ROI。

**遇到的问题及解决方案**

**1. 问题**

● 发现部分广告素材在特定平台上的展示效果不理想，影响了用户体验和点击率。

**2. 解决方案**

● 紧急与设计团队合作，针对问题平台迅速调整素材规格和设计，48 小时内完成了素材的优化和更新。

**下周工作计划**

**1. 计划任务**

● 开始策划客户 B 的夏季新品发布会的整体广告宣传策略。

- 与数据分析团队合作，进行客户 A 广告活动的中期效果评估，以便进一步调整策略。

**2. 需要支持和资源**

- 请求与客户服务部门协调，了解客户 B 对广告宣传的具体要求和预算限制。
- 需要数据分析团队提供详细的广告效果报告，特别是用户行为和转化数据。

**反馈和建议**

**1. 反馈**

- 团队跨部门协作流畅，但在项目进度更新方面仍有改善空间，建议增加每周跨部门协调会议。

**2. 个人发展**

- 计划参加下个月的数字营销高级研讨会，以了解最新的广告技术和趋势。

**附加信息**

- 下周三（3 月 13 日）下午两点，公司将举行季度业绩分享会，希望所有员工准时参加。

**步骤 03** 调整优化。如果觉得生成的周报内容还有需要调整的地方，可以继续向 ChatGPT 发送调整的指令，也可以将周报内容复制粘贴到 Word 文档中进行修改与排版。

## 2.1.3 使用 ChatGPT 撰写会议纪要

会议纪要是一种记录会议讨论和决定的正式文件，通常涵盖会议的日期、时间、地点和决策等重要信息。通过 ChatGPT，用户可以高效、准确且客观地记录会议内容，撰写会议纪要，节省人工撰写的时间。

**1. 思维导图**

生成模板 ⟶ 修改模板 ⟶ 补充内容 ⟶ 优化润色

**2. 操作步骤**

作为强大的语言模型，ChatGPT 可以为会议纪要的撰写提供便利，无论是大型团队会议还是小范围讨论，它都能快速准确地总结会议内容，让用户在繁忙的工作中更加高效地管理信息和任务。

**步骤 01** 生成模板。会议纪要往往遵循一定的格式，先让 ChatGPT 提供一个会议纪要模板，然后在此基础上进行调整或者直接使用该模板，可以极大地提高工作效率。

在对话框中输入：**请给我提供一个简单的会议纪要的模板。**

⑤ **ChatGPT：**

下面是一个简单的会议纪要模板，满足多数会议记录的需求。

会议纪要

**会议主题**：[ 主题 ]

**会议日期**：[ 日期 ]

**会议时间**：[ 开始时间 ]—[ 结束时间 ]

**会议地点**：[ 地点 ]

**参会人员** 主持人：[ ××× ]；记录人：[ ××× ]；参与者：[ 参与者姓名列表 ]

**会议议程及讨论点**：

**议题 1**：

- **讨论内容**：[ 详细描述 ]
- **决策 / 结果**：[ 详细描述 ]
- **行动项**：[ 具体行动 ]；负责人：[ 姓名 ]；截止日期：[ 日期 ]

……

**会议决策**：

- **决策 1**：[ 描述 ]
- **决策 2**：[ 描述 ]

……

**其他备注**：

[ 任何其他需要记录的信息，如下次会议的日期和地点，或者特别提醒事项等 ]

**附件**：

[ 提供与会议相关的文件，如演示文稿、报告等的链接或位置 ]

┏━ 锦囊妙计 ┓

　　当需要以表格的形式呈现会议纪要模板时，可以在提示词中添加相关要求，ChatGPT 会给出表格形式的会议纪要模板。

**步骤 02** 修改模板。将获取的模板复制粘贴到 Word 文档中，调整字体样式、表格列或者间距等，也可以对模板里的具体内容和事项进行增删和修改。

**步骤 03** 补充内容。在确定好模板之后，可以将具体的会议内容发送给 ChatGPT，让它根据模板进行补充，或者告诉ChatGPT你的职业和会议主题，让它帮助生成会议纪要的内容。

　　在对话框中输入：**你是一名动画公司的项目制作人，正在制作一个新动画系列，请在上述模板的基础上完善这份会议纪要。**

🅢 ChatGPT：

　　假设我们是一家动画公司，正在制作一个新动画系列。以下是根据上述模板完善后的会议纪要。

　　会议纪要

**会议主题**：新动画系列项目启动会议

**会议日期**：2024 年 3 月 5 日

**会议时间**：10:00 —12:00

会议地点：公司第一会议室

参会人员：主持人：张华；记录人：李明；参与者：王雷、赵敏、孙洋、周丽

会议议程及讨论点：

**1. 项目概述：**

● **讨论内容：**张华提供了新动画系列的基本概念、目标受众及预期的市场定位。

● **决策/结果：**团队一致同意项目的基本方向并决定进一步细化目标受众的研究。

● **行动项：**进行市场调研，确定更具体的目标受众；负责人：赵敏；截止日期：2024年3月15日。

**2. 预算和资金：**

● **讨论内容：**孙洋详细介绍了项目的预算计划，包括预计的制作成本和宣传费用。

● **决策/结果：**讨论后，团队同意初步预算计划并决定寻找外部资金支持。

● **行动项：**准备资金申请提案，寻找潜在的投资者；负责人：王雷；截止日期：2024年4月1日。

**3. 制作时间表：**

● **讨论内容：**周丽展示了详细的项目时间表，包括关键里程碑和预期的完成日期。

● **决策/结果：**团队对时间表进行了讨论并对一些关键日期进行了调整以确保质量。

● **行动项：**周丽将根据讨论更新时间表并分配具体任务给团队成员；负责人：周丽；截止日期：2024年3月10日。

……

**其他备注：**

● 下次会议定于2024年3月20日，讨论市场调研结果和资金申请的进展。

● 所有参与者必须在下次会议前完成各自的行动事项。

**附件：**

● 项目概述文档

● 初步预算表

● 项目时间表草稿

---

**锦囊妙计**

让 ChatGPT 帮助补充会议内容时，可以先赋予它一个"身份""角色"或者"职业"，同时告诉它会议主题，让 ChatGPT 更好地理解对话背景，从而提供更具针对性的回复。

---

**步骤 04** 优化润色。如果觉得会议内容还有需要调整优化的地方，也可以向 ChatGPT 发送指令，让它帮忙快速进行修改和润色。

---

**在对话框中输入：**请精简与优化上述会议纪要的内容与结构。

**⑤ ChatGPT：**

将之前提供的详细会议纪要进行精简和优化，以提高其清晰度和易读性。

会议纪要

**主题：**新动画系列启动

AI办公助手：ChatGPT+Office智能办公从入门到实践（80集视频课）

日期：2024 年 3 月 5 日

时间：10:00 — 12:00

地点：第一会议室

参与者：主持人：张华；记录人：李明；参与者：王雷、赵敏、孙洋、周丽

会议议程与决策：

1. 项目概念确认

● 同意以青少年为目标受众，融合教育与娱乐。

● 行动项：赵敏负责市场调研；截止日期：3 月 15 日。

2. 预算与资金

● 初步预算通过，探索外部资金。

● 行动项：王雷准备资金提案，4 月 1 日前完成。

……

下次会议：2024 年 3 月 20 日，讨论市场调研与资金筹集进展。

附件：

项目概述

初步预算

时间表草稿

---

**锦囊妙计**

让 ChatGPT 进行调整和优化时，既可以要求它对内容和结构进行精简，也可以让它对指定条目进行扩写。

## 2.1.4  使用 ChatGPT 拟定放假通知

通知是一种用于传达信息、指示、规定或通告的正式文书，有效的通知能够确保信息的顺利传递和组织的高效运作。ChatGPT 不仅可以帮助用户撰写通知，同时可以确保通知的准确性和专业性。

**1. 思维导图**

确定主题和大纲 ━➤ 生成通知内容 ━➤ 优化润色 ━➤ 调整格式

**2. 操作步骤**

通知往往具有固定的格式与规范，ChatGPT 可以根据不同的场景、文风和格式要求来定制通知内容，满足用户日常办公中各种场合的需求。

**步骤 01** 确定主题和大纲。想要撰写放假通知，可以先告诉 ChatGPT 具体的节日，让它确定通知的基本结构。

在对话框中输入：**我需要撰写一则春节放假通知，请为我确定基本框架。**

**ChatGPT：**

撰写春节放假通知的大纲应包含以下几个关键部分，以确保信息的完整性和清晰性。

**1. 通知标题**

● 清晰地标明文档性质，如"春节放假通知"。

**2. 引言 / 开头**

● 简短地介绍通知的目的，可能包含对春节的简短祝福或描述。

**3. 放假时间**

● 明确指出放假开始和结束的具体日期。

**4. 工作安排**

● 描述放假前后的工作交接或准备事项。

● 如果有值班或紧急联系人安排，也应在此部分说明。

**5. 补班安排（如适用）**

● 如果放假期间有补班的安排，应详细说明补班的日期和时间。

**6. 放假期间的注意事项**

● 包括安全提示、保持联系方式畅通等重要提醒。

**7. 工作恢复时间**

● 明确指出何时恢复正常工作。

**8. 结语**

● 对员工的辛勤工作表示感谢，并再次对大家的春节假期给予最好的祝福。

**9. 联系信息**

● 提供放假期间紧急联络人的联系方式，以便处理紧急事务。

**步骤 02** 生成通知内容。确定了基本框架之后，就可以让 ChatGPT 按框架结构生成放假通知了。

在对话框中输入：**请根据上述框架，帮我生成一份春节放假通知。**

**ChatGPT：**

根据提供的大纲，下面是一份春节放假通知的示例。

**春节放假通知**

尊敬的员工们：

随着春节的脚步日益临近，我们即将迎来一年中最为重要的传统节日。在此，公司管理层向大家提前致以最诚挚的祝福，愿大家新春快乐，万事如意！

**放假时间**：从 2024 年 2 月 10 日（星期六）开始，至 2024 年 2 月 17 日（星期六）结束，共 8 天。2024 年 2 月 18 日（星期日）恢复正常工作。

**工作安排：**

● 放假前，请各部门确保所有紧急工作和项目进度得到妥善安排和交接。

● 放假期间，公司将安排必要的值班人员，以应对可能出现的紧急情况。值班表将另行通知。

**补班安排**：根据国家法定节假日规定，此次春节假期无须补班。

**放假期间的注意事项**：

● 请大家注意个人健康和安全，避免参与高风险活动。

● 保持手机畅通，以便接收公司可能发布的紧急通知。

**工作恢复时间**：请所有员工在 2024 年 2 月 18 日（星期日）返回公司，恢复正常工作。

**结语**：再次感谢大家过去一年的辛勤工作和杰出贡献。希望大家能够享受一个温馨、愉快的春节假期。让我们携手共进，迎接新一年的挑战和机遇！

**联系信息**：如遇紧急情况，请通过以下方式联系值班经理张先生，电话:[123-4567-8900]。

祝大家春节安康！

[ 公司名称 ]

[ 发布日期 ]

**步骤** 03 优化润色。若希望 ChatGPT 生成的通知内容有固定的语言风格或者加入特定的修饰，抑或是需要对内容进行删减或扩写，都可以在这一步向 ChatGPT 发送相应的指令，让它按需求进行调整。

---

在对话框中输入：**请在上述通知开头部分加入春节主题的诗词以增添节日气氛。**

**ChatGPT:**

**春节放假通知**

随着冬日渐淡，春风送暖，我们迎来了一年中最为喜庆的时刻——春节。在此，我们借古人诗词之美，共同感受节日的喜悦:"千门万户曈曈日，总把新桃换旧符。"让我们在辞旧迎新之际，共同期待一个充满希望和活力的新年。

**一、放假时间**

全体员工将从 2024 年 2 月 10 日（星期六）开始放假，至 2024 年 2 月 17 日（星期六）结束，共计 8 天。2 月 18 日（星期日）正式恢复工作。

**二、工作安排**

请各部门确保在放假前完成工作总结，并做好相应的工作交接。放假期间，公司将安排必要的值班人员，以确保及时处理紧急事务。

**三、补班安排**

根据国家规定及公司实际情况，今年春节无须安排补班。

**四、放假期间的注意事项**

请大家注意个人健康和安全，合理规划假期生活。同时，请保持手机通信畅通，以便接收公司可能发布的紧急通知。

**五、工作恢复时间**

请所有员工在 2024 年 2 月 18 日（星期日）恢复正常工作状态，带着满满的新年活力和希望共同迎接挑战。

**六、结语**

感谢大家过去一年的辛勤工作和付出。让我们携手并进，共创未来。祝大家春节快乐、阖家欢乐、万事如意！

**七、联系信息**

如遇紧急工作事宜，请联系人事部门，联系电话：[123-4567-8900]。

[公司名称]

[发布日期]

AI办公助手：ChatGPT+Office智能办公从入门到实践（80集视频课）

**步骤 04** 调整格式。当 ChatGPT 完成基本润色和优化之后，就可以把通知内容复制到 Word 文档中进行排版了，此时依然可以对文档内容进行删改。完成之后的示例如下。

春节放假通知

随着冬日渐淡，春风送暖，我们迎来了一年中最为喜庆的时刻——春节。在此，我们借古人诗词之美，共同感受节日的喜悦："千门万户曈曈日，总把新桃换旧符。"让我们在辞旧迎新之际，共同期待一个充满希望和活力的新年。

**一、放假时间**

全体员工将从 2024 年 2 月 10 日（星期六）开始放假，至 2024 年 2 月 17 日（星期六）结束，共计 8 天。2 月 18 日（星期日）正式恢复工作。

**二、注意事项**

1. 请各部门确保在放假前完成工作总结，并做好相应的工作交接。放假期间，公司将安排必要的值班人员，以确保及时处理紧急事务。

2. 请大家注意个人健康和安全，合理规划假期生活。同时，请保持手机通信畅通，以便接收公司可能发布的紧急通知。

3. 如遇紧急工作事宜，请联系人事部门，联系电话：[123-4567-8900]。

感谢大家过去一年的辛勤工作和付出。让我们携手并进，共创未来。祝大家春节快乐、阖家欢乐、万事如意！

[×× 公司]

[2024 年 2 月 5 日]

## 2.1.5 使用 ChatGPT 完成发言致辞

发言致辞通常指的是在特定场合或活动中，某人或某些人代表团体、机构或团体发表的一段演讲或致辞。若想完成一段演讲稿或者发言稿，可以使用 ChatGPT 获取灵感、节省时间、提高质量。

**1. 思维导图**

明确关键信息 → 确定主题 → 生成演讲稿 → 优化润色

**2. 操作步骤**

在职场上，用户经常会以演讲的形式来发言，在 ChatGPT 的帮助下，可以撰写出适应不同场合、拥有不同风格的演讲稿，从而更清楚、更精彩地表达自己的观点。

**步骤 01** 明确关键信息。若不熟悉如何撰写演讲稿，可以先向 ChatGPT 进行询问，明确 ChatGPT 需要用户提供的关键信息。

> 在对话框中输入：**当我需要写一篇演讲稿时，你需要我提供什么信息？**

> ⑤ ChatGPT：
>
> 当你需要写一篇演讲稿时，以下是我可能需要你提供的信息。
>
> **1. 演讲的目的和主题**：告诉我你演讲的目的是什么，以及你想要谈论的主题是什么。
>
> **2. 受众**：告诉我你的听众是谁，他们的年龄、教育背景和兴趣爱好等信息，以便我能够根据受众的特点调整演讲稿的内容和风格。
>
> **3. 演讲的长度和场合**：告诉我你需要的演讲稿的长度是多少，以及演讲将在何种场合进行，比如会议、庆典和纪念日等。
>
> **4. 任何特定的要求或限制**：告诉我是否有任何特定的要求或限制，比如是否需要引用特定的资料或例证、是否需要遵循特定的格式等。
>
> **5. 你的观点和想法**：告诉我你想要在演讲中表达的观点和想法，以及你希望听众从演讲中获得什么样的启发或收获。
>
> 通过提供这些信息，我将能够更好地为你定制一篇适合的演讲稿，帮助你有效地向听众传达你的思想和观点。

**步骤 02** 确定主题。根据 ChatGPT 的上述回复给出一定的关键信息，以便让 ChatGPT 确定演讲的主题。

> 在对话框中输入：**我即将进行入职演讲，请为我提供几个演讲的主题。要求：积极向上、坦率真诚，每个主题控制在 20 字以内。**

> ⑤ ChatGPT：
>
> 当你即将进行入职演讲时，可以考虑以下几个主题。
>
> **1. 梦想成真**：实现梦想，创造未来。
>
> **2. 新起点**：迈出新步伐，展现新风采。
>
> **3. 全情投入**：热情、专注、全力以赴。
>
> **4. 共同成长**：团队合作，共创辉煌。
>
> **5. 信心满满**：有信心、有勇气、无畏前行。

**◾ 锦囊妙计 ▷**

如果对演讲稿里需要的其他相关信息的概念比较模糊，例如演讲风格等，同样可以询问 ChatGPT 以获得一些参考建议。

**步骤 03** 生成演讲稿。在对所有关键信息都较为明确之后，可以将这些信息告诉 ChatGPT，让它生成一篇演讲稿。

在对话框中输入：**请帮我撰写一篇演讲稿，演讲的主题是《实现梦想，创造未来》，演讲的目的是树立信心，受众是公司同事和领导，演讲时长为 3 分钟，演讲场合是公司新一年的员工入职大会，演讲风格是情感真挚。**

**⑤ ChatGPT：**

尊敬的各位领导和同事：

大家好！我很荣幸能够站在这里，与大家分享关于《实现梦想，创造未来》的演讲。在这个全新的一年里，我想借此机会，与大家一起探讨我们如何通过实现梦想，共同创造美好的未来。

首先，让我们共同回顾一下过去的一年。在这段时间里，我们经历了种种挑战和困难，但我们也取得了许多成就和进步。这一切都离不开我们的团结合作和不懈努力的付出。然而，我们不能止步于此，我们还有更多梦想等待我们去实现，还有更美好的未来等待我们去创造。

实现梦想并不是一蹴而就的事情，它需要我们保持坚定的信心和持续的努力。无论我们的梦想是什么，无论我们面临多少困难和挑战，我们都要相信自己的能力，勇敢地追逐梦想的脚步。正如马丁·路德·金所说："即使你无法飞翔，也要努力展翅。"只要我们心存信念，不断奋斗，一定能够战胜一切困难，实现自己的梦想。

在这个新的一年里，让我们鼓起勇气，勇敢地面对挑战，勇敢地追求梦想。让我们团结一心，共同努力，为实现梦想而不懈奋斗。相信我，只要我们齐心协力，一定能够创造出更加美好的未来！

最后，我想借此机会，向大家致以最诚挚的感谢。感谢大家在过去的一年里对我的支持和鼓励，感谢大家在工作中的合作和奉献。在新的一年里，让我们继续携手并肩，共同努力，共同实现梦想，共同创造美好的未来！

谢谢大家！

◖ **锦囊妙计** ◗

如果 ChatGPT 在生成长文案时出现卡顿和暂停的情况，可以发送"继续"指令，让它继续完成回复。

**步骤 04** 优化润色。ChatGPT 初次生成的演讲稿内容可能出现与主题存在出现偏差或者不够优质的情况，因此可以针对一些需要调整的部分让 ChatGPT 对其进行润色优化。

在对话框中输入：**请帮我对上述演讲稿里的开场白部分进行润色，使语言更加优美、富有诗意。**

**⑤ ChatGPT：**

尊敬的各位领导和同事：

踏着新春的脚步，我怀着无比兴奋的心情，站在这里与各位共同探讨《实现梦想，创造未来》的话题。在新的一年里，让我们共同把目光投向未来，用梦想的力量书写属于我们的华章。

> **锦囊妙计**
>
> （1）润色完成之后，可以把整篇演讲稿复制到 Word 文档中，甄别和修改其中的语病或者错误。
>
> （2）可以借助 ChatGPT 多生成几篇相同主题的演讲稿，节选优质的部分进行参考或整合，调整成令自己满意的演讲稿。

## 2.1.6 使用 ChatGPT 撰写商业信函

商业信函是用于在商业环境中传达信息、提出要求、达成协议和发表意见等的书面沟通形式，有助于促成商业合作和交流。商业信函通常遵循一定的结构、格式和语气，学会利用 ChatGPT 来撰写商业信函可以提高信函的准确性与专业性。

**1. 思维导图**

（确定类型）——→（明确关键信息）——→（生成邀请函）

**2. 操作步骤**

撰写商业信函是每位职场人士的必备技能之一，而 ChatGPT 可以成为用户在撰写过程中的得力助手。即使用户对此感到棘手，它也可以帮助用户一步步从学习到熟悉，最后撰写出高质量的商业信函。

**步骤 01** 确定类型。商业信函有很多类型，如回复型、感谢型和邀请型等，在不清楚具体区别的情况下，可以先向 ChatGPT 进行提问，以确定自己需要的信函形式。

---

在对话框中输入：**我需要撰写一份商业信函，请告诉我商业信函的类型及各自的作用。**

**ChatGPT：**

根据用途和目的，可以将商业信函分为以下几种类型。

**询盘信函**：询盘信函是向其他公司或机构询问有关产品、服务、价格和交货条件等详细信息的信函，其作用是获取所需信息，以便做出进一步的决策或商务合作。

**报价信函**：报价信函是向客户提供产品或服务的价格和条款的信函，其作用是向客户明确产品或服务的价格和相关条件，促成交易的达成。

**订单信函**：订单信函是客户向供应商发送的确认购买产品或服务的信函，其作用是确认订单细节、交货日期和付款条件，以便双方达成交易。

**投诉信函**：投诉信函是客户或合作伙伴向公司投诉产品质量或对服务不满意等的信函，其作用是表达不满、解决问题，并提出改进建议，维护客户关系。

**推销信函**：推销信函是公司向潜在客户推销产品或服务的信函，其作用是吸引客户注意，介绍产品或服务特点，并促成购买行为。

**感谢信函**：感谢信函是向客户、合作伙伴或员工表达感谢之情的信函，其作用是增进关系，加强合作，提升企业形象。

**邀请信函：**邀请信函是邀请客户、合作伙伴或员工参加特定活动或会议的信函，其作用是邀请受邀者出席活动，增强联系，促进合作。

**步骤 02** 明确关键信息。明确关键信息可以让 ChatGPT 更好地理解活动的背景、目的及其他细节，让 ChatGPT 可以根据这些信息快速生成准确的邀请函内容，同时在措辞、语气上都能保持一定的针对性和专业性。

在对话框中输入：**我要写一份商业邀请函，你需要我提供什么信息？**

🌀 **ChatGPT：**

当你需要撰写一份商业邀请函时，以下是我可能需要知道的一些信息。

**1. 活动的基本信息：**包括活动的日期、时间、地点和持续时间等。

**2. 活动的主题和目的：**告诉我活动的主题是什么，以及邀请的目的是什么，这有助于我撰写信函时选择合适的措辞。

**3. 受邀人员的姓名和职务：**告诉我你计划邀请的具体人员，以及他们的职务和身份，以便我能够在信函中适当地称呼他们。

**4. 特别嘉宾或活动议程：**如果有特别嘉宾或活动议程，告诉我他们的身份和活动安排，以便我能够在信函中提及。

**5. 附加信息或要求：**如果有任何附加信息或特殊要求，比如穿着要求、RSVP 等，请告诉我，以便我在信函中包含这些信息。

提供这些信息将有助于我为你撰写一份清晰、准确、具有针对性的商业邀请函，以确保你的邀请得到对方的积极响应。

**步骤 03** 生成邀请函。作为强大的自然语言模型，ChatGPT 可以理解上下文的语义关系，直接将活动的相关信息告诉 ChatGPT，然后便能得到一份较为详尽的正式的邀请函。

在对话框中输入：**活动时间是 2024 年 5 月 4 日 14:00—19:00，活动地点是市美术馆，活动持续时间 5 个小时，活动主题是未来世界装置艺术展览，邀请目的是让参展者对公司的产品产生兴趣，计划邀请的人员有同行业公司的技术总监、广告与媒体公司的宣传总监、网站与报社记者及艺术界知名顾问，着装要求是穿着带有未来感元素的服装参展。**

🌀 **ChatGPT：**

非常感谢您提供的详细信息。根据您的要求，我将为您撰写一份邀请型的商业信函。

尊敬的 ×××：

我谨代表 ×× 公司诚挚地邀请您参加我们于 2024 年 5 月 4 日举办的未来世界装置艺术展览。

这次展览将持续 5 个小时，我们将展示一系列未来感十足的装置艺术作品，展示我们公司在创新和科技领域的前沿地位。作为一家致力于开拓未来的公司，我们希望通过此次展览，与您分享我们最新的产品和技术成果。

我们特别邀请了同行业公司的技术总监、广告与媒体公司的宣传总监、网站与报社记者，以及艺术界知名顾问等各界人士。您的出席将为展览增添无限光彩，并为我们的产品增添新的关注和兴趣。

为了贴合活动主题，我们提议参展者穿着带有未来感元素的服装，以展现对未来的向往和创新的精神。

诚挚地邀请您出席此次展览，与我们共同探索未来世界的无限可能性。请您务必保存好以下活动信息。

活动日期：2024 年 5 月 4 日

活动时间：14:00 —19:00

活动地点：市美术馆

期待与您在展览现场见面，并深入交流。

邀请人：×××

2024 年 ×× 月 ×× 日

[ 联系方式 ]

> **锦囊妙计**
>
> ChatGPT 生成的文档格式有时会有不符合规范的部分，请注意甄别和调整，如果想要对其进行更为细致和精确的排版，可以借助 Word 或者 WPS 文档来完成。

## 2.1.7　使用 ChatGPT 处理电子邮件

电子邮件是日常办公中常用的不可或缺的沟通和协作工具，为办公室的高效运作和团队合作提供了便利和支持。对于需要大量处理电子邮件的职场人士，ChatGPT 依然可以为其提供便捷与支持。

**1. 思维导图**

撰写邮件 ➡ 回复邮件 ➡ 优化邮件内容 ➡ 提取信息

**2. 操作步骤**

除了撰写商务邮件和私人通信，ChatGPT 还能帮助用户回复邮件、优化邮件内容，提升邮件沟通效果，提高日常工作的质量与效率。

**步骤 01** 撰写邮件。首先需要明确电子邮件的主题、目的、发件人和收件人的身份等信息，然后发送相关指令给 ChatGPT，就能得到一份邮件草案。

在对话框中输入：我叫小明，是 ×× 广告公司的一名设计师，我需要写一封邮件提醒策划部的同事小美尽快将项目 A 的提案资料和设计需求整理好之后发给我，邮件正文需要添加适当的问候与结束语，字数在 300 字以内。

> ⑤ ChatGPT：
>
> 基于你提供的信息，以下是一封针对你的需求撰写的电子邮件示例。
>
> 主题：关于项目 A 提案资料和设计需求的紧急请求

亲爱的小美：

希望这封邮件找到你时一切都好。我在这里想和你讨论一下关于我们即将进行的项目A。如你所知，我们的时间线非常紧凑，而我正在积极推进设计工作的各个方面。为了确保我们的项目能够顺利进行，并按时完成，我需要你尽快整理并提供项目A的提案资料和具体的设计需求。

我理解你当前可能也在处理许多任务，但如果你能在本周提供这些资料，那将对整个项目的进度大有帮助。这将使我们能够更加精确地协调工作，并确保我们的设计工作能够满足客户的期望和要求。

请在整理好资料后，直接通过电子邮件发给我，如果有任何疑问，随时通过电话或电子邮件与我联系。非常感谢你的理解和配合！

期待你的回复，并祝你工作顺利！

小明

×× 广告公司设计师

**锦囊妙计**

ChatGPT 支持多种语言，因此也可以帮助撰写非母语的电子邮件，例如，要求 ChatGPT 写一封符合商务英文标准的电子邮件，生成之后，只需检查和修改具体细节就可以使用，这为用户与国际伙伴的沟通提供了便利。

**步骤 02** 回复邮件。在需要繁忙地处理大量邮件信息或者忙于其他工作时，可以让 ChatGPT 回复邮件，以提高工作效率。

在对话框中输入：你是 ×× 广告公司的策划小美，你收到了来自公司设计师小明的电子邮件，请写一篇邮件进行回复，字数在 300 字以内，小明的电子邮件内容如下。

（略）

**ChatGPT：**

主题：回复关于项目 A 提案资料和设计需求的紧急请求

亲爱的小明：

非常感谢你的邮件和对项目进度的关注。我已经收到了你关于项目 A 的提案资料和设计需求的请求，并且完全理解这对我们项目的重要性。

我想通知你，我目前正在积极整理所需的资料，并确保一切信息准确无误。我计划在明天下午之前完成整理工作，并将所有相关资料直接发送给你。如果在整理过程中我有任何疑问，我会立即与你联系。

请放心，我会尽我所能，确保不会延误我们的项目进度。感谢你的理解和耐心等待。如果你有任何其他需要讨论的事项，或者在我整理资料期间有任何额外的要求，请随时告知。

再次感谢你的合作，让我们共同努力，确保项目 A 顺利进行。

小美

×× 广告公司策划

**步骤 03** 优化邮件内容。若寻求更好的邮件沟通效果，也可以向 ChatGPT 询问优化的建议，这样可以提高用户回复率、缩短回复时间或提升客户满意度。

在对话框中输入：**请根据下面这封邮件的内容，告诉我还有哪些可以优化的地方来提升邮件沟通效果。**

**客户你好！很高兴收到你的来信。**

**请尽快将你的想法和需求告知我们，我们会根据需求提供初步的设计方案。**

**谢谢。**

**⑤ ChatGPT：**

为了提升邮件沟通效果，可以从以下几个方面对邮件进行优化。

1. 使用专业的问候语：开头的问候语可以更具体一些，比如使用客户的名字或称呼，这样可以让邮件显得更加个性化和专业。

2. 明确地表达目的：虽然邮件提到了需要客户提供想法和需求，但可以更明确地指出为什么这些信息对双方都重要，以及它们如何影响到设计方案的制订。

3. 提供具体的指引或例子：可以指出客户应该如何提供他们的想法和需求，比如通过填写一个表格、参考某些指标或提供特定类型的例子。这样不仅可以帮助客户更好地理解所需内容，还能提高效率。

4. 设置明确的时间期限：建议提供一个具体的截止日期，明确告知客户何时需要提交信息，这样有助于确保进程按时进行。

5. 提供沟通渠道：可以明确告知客户如有疑问应该通过何种方式联系你，提供直接的联系方式如电话号码或电子邮件地址。

6. 礼貌的结束语：结束语可以更加温馨和专业，比如"我们期待与您合作，共同创造出令人满意的设计方案"，这样的语言可以加强双方的合作意愿。

7. 签名：邮件最后应包含你的全名、职位、公司名称及联系信息，这样不仅提升了邮件的专业性，还方便客户回复或联系。

**优化后的邮件例子：**

**尊敬的客户：**

非常感谢您与我们联系，并表达了对 ×× 公司设计服务的兴趣。为了更好地理解您的需求并提供符合您期望的初步设计方案，请您在 ×× 月 ×× 日之前，通过回复此邮件或填写 [ 链接 ] 中的表格，详细说明您对项目的想法和具体需求。

如果您有任何疑问，或者需要进一步讨论，欢迎随时通过邮件或拨打我的电话联系我。

我们期待您的回复，并希望能够帮助您实现您的设计目标。

再次感谢您选择 ×× 公司。

小明

×× 公司设计师

**联系方式：**×××-××××-×××

**邮件地址：**×××@example.com

**步骤 04** 提取信息。当个别邮件字数较多，信息较为冗余时，也可以借助 ChatGPT 来完成对信息的过滤和提取，以节省阅读时间，精准把握工作重点。

在对话框中输入：请帮我提取下面这封邮件的重要信息，要求分点阐述，邮件内容如下。

尊敬的客户：

随着轻柔的雪花轻轻地在窗外飘落，又一个温馨的节日悄然而至。

……

在此，我想借这份温馨的节日氛围，表达我们对您过去支持的深深感激。同时，也希望在新的一年里，我们能够继续得到您的信任与支持。我们承诺，未来将以更加专业、高效的服务，不断追求卓越，努力满足您的需求，与您携手共创更加辉煌的未来。

……

祝福您和您的家人节日快乐，新年幸福！

小明

×× 公司设计师

**⑤ ChatGPT：**

1. 向客户 A 发送节日问候。

2. 对过去一年的合作表示感谢。

3. 表达希望在新的一年继续合作的愿望。

## 2.1.8 使用 ChatGPT 制定合同协议

合同协议是指双方或多方之间就某项交易、业务或合作达成的书面协议，用于确保各方遵守协议并在必要时提供法律保护。ChatGPT 可以根据需求快速生成协议文本，帮助用户缩短合同制定的周期，使合同更加规范、准确和完整。

**1. 思维导图**

明确需求与关键信息 ⟶ 生成合同草案 ⟶ 迭代与完善 ⟶ 审查和修改

**2. 操作步骤**

合同协议通常拥有一定的模板和格式，ChatGPT 既能根据用户提供的信息和标准模板生成标准化的合同协议，也能根据用户的需求和条件对协议进行定制，使其符合特定的业务或交易要求。

**步骤 01** 明确需求与关键信息。在开始制定合同前，需要清楚合同的需求和目的，同时将合同所涉及的必要信息告诉 ChatGPT，例如，合同是用于服务提供、商品销售、合作项目还是用于其他目的。了解清楚这些内容，有助于让 ChatGPT 帮助定义合同的基本框架。

在对话框中输入：我需要拟一份合同协议，你可以帮助我吗？

**⑤ ChatGPT：**

可以的，请告诉我合同协议的具体内容和类型，如租赁协议、劳动合同和购销合同等。您需要包含哪些关键条款呢？这样我才能更好地帮助您拟定合同。

AI办公助手：ChatGPT+Office智能办公从入门到实践（80集视频课）

> **锦囊妙计**
>
> 　　在让 ChatGPT 起草合同草案之前，最好收集所有相关方的信息，包括但不限于双方的名称、地址和联系方式等。同时，梳理合同中可能需要包含的所有具体条款，如付款条件、交付时间和违约责任等。将这些信息提前告知 ChatGPT，有助于生成更完整的合同草案。

　　**步骤 02** 生成合同草案。根据收集到的信息和合同的目的，ChatGPT 会生成初步的合同草案供用户参考。

　　**在对话框中输入：合同的具体内容是乙方帮甲方拍摄 3 分钟的宣传片，乙方需要在 3 个月以内完成，预算是 50 万元。**

**⑤ ChatGPT：**

　　基于您提供的信息，下面是一份简单的宣传片拍摄合同草案。您可以根据具体需要进一步修改和完善。

　　宣传片拍摄合同

　　甲方（委托方）：[ 甲方全称 ]

　　乙方（承接方）：[ 乙方全称 ]

　　鉴于甲方希望制作一部 3 分钟的宣传片，乙方具有相关的制作能力，双方经协商一致，达成如下合同条款。

　　**一、项目内容**

　　乙方负责为甲方制作一部时长为 3 分钟的宣传片，内容和风格根据甲方需求执行。

　　**二、完成时间**

　　乙方需在合同签署后 3 个月内完成宣传片的拍摄和后期制作工作，并提交给甲方审核。

　　**三、合同金额**

　　甲方同意支付乙方人民币 50 万元作为本项目的全额费用。支付方式如下：

　　1. 合同签订后 10 日内支付首款人民币 15 万元。

　　2. 宣传片拍摄完成，初步剪辑稿件提交给甲方并获批后，支付第二笔款项人民币 20 万元。

　　3. 最终成品交付并经甲方确认接受后，支付尾款人民币 15 万元。

　　**四、双方责任**

　　1. 甲方负责提供必要的信息支持和具体需求，包括但不限于宣传片的主题、风格和内容要求等。

　　2. 乙方负责根据甲方的要求完成宣传片的拍摄和后期制作，确保作品质量符合甲方要求。

　　3. 乙方需要保证宣传片的原创性，不得侵犯他人版权或存在其他法律风险。

　　**五、版权归属**

　　宣传片的版权归甲方所有，乙方完成制作任务后，不得以任何形式使用该宣传片进行商业活动，除非得到甲方的书面许可。

　　**六、合同的变更与终止**

　　任何一方需变更或终止合同，应提前 30 天书面通知对方。双方经协商一致后方可执行。

　　**七、争议解决**

　　本合同在执行过程中，如发生任何争议，双方应首先通过友好协商的方式解决；若协商不成，任何一方可向合同签订地的人民法院提起诉讼。

**八、其他**

本合同一式两份，甲乙双方各执一份，具有同等的法律效力。合同自双方代表签字盖章之日起生效。

┌─ 锦囊妙计 ─┐

（1）当不清楚某种合同条款的具体格式时，可以直接向 ChatGPT 进行询问，例如，你可以问："如何写一个关于支付条件的合同条款？"

（2）在收集到的信息比较简短的情况下，ChatGPT 可能只会提供一个简单且基本的合同条款格式，用户可以根据实际需要进行调整或者让 ChatGPT 帮助生成或修改条款的表述，使其更加准确和专业。

**步骤 03** 迭代与完善。一份合同通常需要几轮修改才能完善。用户可以通过向 ChatGPT 询问特定的法律用语或条款的表达方式来不断完善合同，直到满意为止。

在对话框中输入：**如何添加一个违约责任条款，以确保如果乙方延迟交付或成品质量不符合约定标准，甲方有足够的保障？**

**⑤ ChatGPT：**

如果乙方未能在约定的时间内完成宣传片的交付，或者交付的宣传片质量未达到甲方的要求，乙方需向甲方支付违约金，其数额为未完成部分合同金额的10%。此外，甲方有权要求乙方重新制作或修改宣传片，直至满足甲方的标准。

**步骤 04** 审查和修改。经过迭代与完善之后，需要将合同交由双方各自进行审查并提出需要修改的地方。在审查时，需要确保所有条款都准确无误，并覆盖所有关键点。

┌─ 锦囊妙计 ─┐

虽然 ChatGPT 可以帮助用户草拟和迭代合同的语言和格式，但它不是法律专业人士。在合同最终签署前，建议由专业的法律顾问进行审查，以确保合同的合法性和实用性。

## 2.1.9　使用 ChatGPT 撰写员工手册

员工手册是企业内部的一种管理规范，包含企业文化、企业规章制度和企业发展信息等，起到了展示企业形象、传播企业文化的作用，同时也是员工工作规范、行为规范的指南。ChatGPT 可以根据需求帮助用户撰写出更合理的员工手册。

**1. 思维导图**

获取信息 ➡️ 生成大纲和结构 ➡️ 完善手册内容 ➡️ 评估和优化 ➡️ 提供排版建议

## 2. 操作步骤

ChatGPT 可以作为智能助手，从文档结构、段落组织和语言风格等方面提供撰写建议，帮助用户编写出清晰、全面的员工手册。

**步骤 01** 获取信息。若不清楚员工手册的撰写步骤，可以直接向 ChatGPT 进行提问，它会向用户提供撰写员工手册所需的信息和步骤。

在对话框中输入：如何撰写一份员工手册？

**⑤ ChatGPT：**

**1. 收集资料和信息**

● 收集公司的政策、程序、福利、价值观和使命等相关信息。

● 与管理层、法律顾问和其他相关部门沟通，确保收集到准确和完整的信息。

**2. 确定目标受众**

● 确定员工手册的主要受众群体，例如新员工、现有员工或管理层。

**3. 制定大纲和结构**

● 确定员工手册的大纲和结构，包括确定各个部分的顺序和内容。

● 确保大纲和结构能够清晰地传达所需信息。

**4. 撰写内容**

● 根据收集的资料和确定的结构，开始撰写员工手册的内容。

● 使用清晰、简洁的语言，确保内容易于员工理解。

**5. 审阅和修改**

● 完成初稿后，进行审阅和修改。

● 确保内容准确、完整，并符合公司政策和法律法规。

**6. 设计和格式化**

● 选择合适的设计和格式化方案，使员工手册看起来专业、清晰，并与公司的品牌形象一致。

● 插入图片、图表等元素来增强可读性。

（略）

**锦囊妙计**

在 ChatGPT 提供的步骤建议里，大家可以灵活地对其进行调整。

**步骤 02** 生成大纲和结构。员工手册大纲可以确保手册的结构清晰、内容准确，确保可以为员工提供必要的信息和指导，用户可以借助 ChatGPT 来梳理大纲和结构。

在对话框中输入：你是一名科技公司的主管，需要编写公司的员工手册，请问这份员工手册的大纲和结构是怎样的？

## ChatGPT:

编写员工手册的大纲和结构应该考虑到公司的特点和需求，以下是一个可能的员工手册大纲和结构示例。

### 1.公司简介

●公司的使命和愿景。

●公司的历史和发展。

●公司的价值观和文化。

### 2.雇用政策

……

### 11.其他政策和程序

●公司特定的其他政策和程序（如差旅政策、会议政策等）。

●遵守法律法规的承诺。

### 12.联系信息

公司联系信息

（略）

以上是一个大致的员工手册大纲和结构示例，您可以根据公司的具体需求和政策来调整和完善。

步骤 03 完善手册内容。用户可以将收集到的公司的相关信息告诉 ChatGPT，然后利用它的智能撰写功能对每个部分的内容进行完善。

在对话框中输入：**这是公司的一些基本信息：成立于 ××××年，致力于研发产品和科技创新（略），请先撰写公司简介。**

## ChatGPT:

**公司简介**

**公司的使命和愿景**

我们公司致力于通过科技创新，解决社会和商业挑战，推动人类进步。

**公司的历史和发展**

我们公司于 ××××年成立，自成立以来一直致力于研发和创新，已发展成为行业领先的科技企业。我们的产品和解决方案已在全球范围内得到广泛应用。

**公司的价值观和文化**

我们坚持创新、合作、责任和卓越的价值观。我们的文化鼓励员工充分发挥个人潜力，共同努力实现公司的使命和目标。

◖ 锦囊妙计 ◗

在这一步，既可以让 ChatGPT 一段一段地生成内容，逐一进行修改，也可以让它生成一整篇完整的员工手册，之后再进行统一调整。

**步骤 04** 评估和优化。在 ChatGPT 完成对具体内容的撰写之后，可以评估该内容是否符合公司需求或者公司风格，然后让 ChatGPT 根据反馈进行调整。

在对话框中输入：我希望企业简介能更加详细具体，同时着重强调企业悠久的历史和创新精神，字数在 300 字左右。

**ChatGPT：**

当然，请见下文为您更新的企业简介。

**公司简介**

**公司使命和愿景**

我们公司的使命是通过持续的创新和技术领先，为客户提供卓越的解决方案，推动行业进步和社会发展。我们的愿景是成为全球科技行业的领导者，引领未来的发展趋势。

**公司历史和发展**

我们公司拥有悠久的历史，成立于 ×××× 年。我们始终以技术创新为驱动力，从最初的小型创业公司发展成为今天的行业领导者。……创新是我们公司的核心价值观之一。我们鼓励员工不断挑战传统，勇于尝试新思路和新技术，以创造更加智能、高效的解决方案。我们积极投资于研发和技术领域，不断引领行业的发展方向，为客户创造更大的价值。

**步骤 05** 提供排版建议。在完成员工手册的编写之后通常会印制成册，因此也可以向 ChatGPT 寻求一些关于排版设计方面的建议，使其更符合企业调性，也更具有设计感。

在对话框中输入：请提供一些关于员工手册的排版和设计建议。

**ChatGPT：**

以下是一些建议，可帮助您确保手册具有清晰的排版和吸引人的设计。

1.**清晰的结构和目录**：使用清晰的标题和子标题来组织手册的内容，并在手册开始提供目录，以便员工快速找到所需信息。

2.**简洁明了的语言**：使用简单、易懂的语言表达复杂的概念，避免使用过多的专业术语，确保所有员工都能够理解。

3.**使用图表和图片**：插入图表、图像和图表等视觉元素，以帮助解释复杂的概念和数据，增强可读性。

4.**品牌一致性**：确保手册的设计与公司品牌形象一致，使用公司的标志、颜色和字体，以及其他品牌元素。

5.**适当的字体和大小**：使用易于阅读的字体和合适的字体大小。

6.**使用段落和标题**：使用段落和标题来组织文本，使内容更易于阅读和理解。

7.**强调关键信息**：使用粗体、斜体或不同的颜色等方式来强调关键信息，使其更加突出。

8.**空白间隔和页面布局**：留出足够的空白间隔，使内容更易于阅读，同时确保页面布局整洁和有序。

9.**审美设计元素**：添加一些审美设计元素，如装饰线条、图标或背景图案，使手册看起来更加吸引人。

## 2.1.10　使用 ChatGPT 制定岗位职责

岗位职责是指一个职位所需要承担的责任和义务，它有助于员工明确每个职位的职责范围和工作要求，确保员工能够按照要求完成工作任务，实现组织的目标。ChatGPT 可以快速生成岗位职责的草稿，节省人力资源专业人员或管理层的时间。

### 1. 思维导图

确定行业范围 ⟶ 制定具体职责 ⟶ 补充与更新

### 2. 操作步骤

在招聘员工时，企业通常需要列出详细、具体的岗位职责。在 ChatGPT 的帮助下，只需要输入简单的岗位信息，它就能提供通用的职责模板或者根据需求制定职责信息。

步骤 01　确定行业范围。不同行业对特定岗位的知识和技能要求各不相同，确定行业范围有助于 ChatGPT 先筛选出具体的职位，同时也可以确保岗位职责的相关性和实用性。

在对话框中输入：**你是一名房地产公司的人事专员，现在需要招聘员工，请列出有哪些需要招聘的岗位，只需列出岗位名称。**

⑤ ChatGPT：

在房地产公司招聘员工时，可能需要考虑招聘以下岗位：

1. 销售顾问 / 销售经理
2. 市场营销专员 / 经理
3. 土地获取专员 / 经理
4. 项目经理 / 项目协调员
5. 施工管理人员
6. 质量控制 / 保证经理
7. 设计师（建筑师、室内设计师）
8. 工程师（土木工程师、结构工程师、MEP 工程师）

（略）

▷ **锦囊妙计** ◁

有时候，ChatGPT 给出的相关职位列表并不全面，仅可作为一种参考，实际招聘的岗位还是取决于公司的具体需求、项目阶段及组织结构。

步骤 02　制定具体职责。制定员工手册大纲可以确保手册的结构清晰、内容准确，确保可以为员工提供必要的信息和指导，借助 ChatGPT 可以梳理员工手册大纲和结构。

在对话框中输入：**你是一名房地产公司的人事专员，需要招聘一名行政专员和项目经理，请列出具体的职责信息。**

AI办公助手：ChatGPT+Office智能办公从入门到实践（80集视频课）

## ⑤ ChatGPT:

以下是两个职位的详细职责描述。

**行政专员的职责**

1. **文档管理**：负责文件和文档的整理、归档及更新，确保资料的准确性和可检索性。

2. **会议支持**：安排和准备会议，包括会议室预订、设备准备和会议资料的准备。

3. **行政支持**：为团队提供日常行政支持，包括但不限于邮件处理、电话接听、访客接待及日程安排。

4. **办公用品管理**：负责办公用品和设备的采购、库存管理及维护。

5. **财务报销**：协助处理财务报销流程，包括发票整理、费用报销单的准备和提交。

6. **员工福利**：协助执行员工福利计划，包括节日礼品、团队建设活动等的组织实施。

7. **内部资讯**：协助制作和发布内部资讯，比如公司新闻、更新公告等。

**项目经理的职责**

1. **项目规划与执行**：制订项目执行计划，包括时间线、资源需求、预算编制和目标设定，并确保项目按计划执行。

2. **团队协调**：组建项目团队，分配任务，并监督团队成员的工作，以确保项目目标的实现。

3. **客户关系管理**：作为客户与公司之间的主要联系人，管理客户期望并确保客户满意度。

4. **质量控制**：确保项目成果达到公司和行业的质量标准，定期进行项目审查和质量评估。

5. **风险管理**：识别和评估项目风险，制订风险缓解计划，并在项目实施过程中监控风险。

6. **预算管理**：控制项目成本，确保所有开支在预算范围内，并对项目财务进行定期审计。

7. **合同管理**：负责与供应商和承包商的合同谈判、签订及管理，确保合同条款得到履行。

8. **进度监控和报告**：监控项目进度，确保按时交付，并向上级和利益相关者提供定期的项目更新和进度报告。

9. **后期评估**：项目完成后，进行效果评估和总结报告，识别成功的经验和改进点，为未来项目提供参考。

---

**┌ 锦囊妙计 ┐**

在向 ChatGPT 提供岗位信息时，需要准确撰写职位等级，如专员或经理，这样才能得到更为精准的岗位职责要求。

---

**步骤 03** 补充与更新。如果 ChatGPT 列出的岗位职责不完整，那么可以让它根据具体需求对岗位职责进行补充和更新。

在对话框中输入：**请在上述行政专员的职责中加入考勤管理这一条。**

## ⑤ ChatGPT:

在上述行政专员的职责中，加入考勤管理的职责，更新后的职责列表如下。

行政专员的职责

1. **文档管理**：负责文件和文档的整理、归档及更新，确保资料的准确性和可检索性。

2. **会议支持**：安排和准备会议，包括会议室预订、设备准备和会议资料的准备。

3. **行政支持**：为团队提供日常行政支持，包括但不限于邮件处理、电话接听、访客接待及日程安排。

4. **办公用品管理**：负责办公用品和设备的采购、库存管理及维护。

5. **财务报销**：协助处理财务报销流程，包括发票整理、费用报销单的准备和提交。

6. **员工福利**：协助执行员工福利计划，包括节日礼品、团队建设活动等的组织实施。

7. **内部资讯**：协助制作和发布内部资讯，比如公司新闻、更新公告等。

8. **考勤管理**：负责管理员工的日常考勤，包括迟到、早退、加班、请假等记录，确保考勤数据的准确性和及时更新，并根据公司政策处理考勤异常情况。

---

**锦囊妙计**

同样地，也可以要求 ChatGPT 对列出的一些职责条目进行删减或者调整顺序，ChatGPT 会按用户的需求给出更新过后的职责列表。

---

## 2.2 学术教育

### 2.2.1 使用 ChatGPT 准备论文撰写

无论是在学业中还是在工作中，撰写论文往往是许多人面临的一项挑战。ChatGPT 可以运用其强大的智能写作能力辅助用户撰写论文，它可以在论文研究方向、选题、摘要、大纲等方面给予用户一些实用的建议并有效提升论文质量。

**1. 思维导图**

探索研究方向 ➞ 确定选题 ➞ 生成摘要 ➞ 生成大纲

**2. 操作步骤**

在正式撰写论文之前，往往需要进行选题研究、大纲和摘要撰写等一系列准备工作，有了 ChatGPT 的辅助，用户可以在这部分节省许多精力，提高撰写论文的效率。

**步骤 01** 探索研究方向。首先告知 ChatGPT 自己的身份和想要撰写的主题范围，让 ChatGPT 提供一些该研究领域的最新信息作为参考，同时在研究方向上给予一定的建议。

在对话框中输入：我是一名计算机系的学生，想要以 AI 技术的发展为主题写一篇论文，请给我一些关于该主题的研究方向与热点作为参考。

**⑤ ChatGPT：**

当涉及 AI 技术的发展作为论文主题时，有很多研究方向和热点可以选择。以下是一些可能的选题。

1. **深度学习与神经网络**：探讨深度学习方法在各个领域的应用，例如自然语言处理、计算机视觉和语音识别等，可以讨论最新的网络架构、训练技术和优化算法。

2. **自然语言处理（NLP）**：研究 NLP 在文本生成、机器翻译、情感分析等方面的最新进展。关注预训练模型（如 BERT、GPT）的应用和改进。

……

7. **元学习**：探索如何使机器学习模型具备学习新任务的能力，关注元学习在小样本学习、迁移学习等方面的应用。

8. **AI 与医疗健康**：研究 AI 在医疗影像分析、疾病诊断、个性化治疗等方面的应用。可以关注模型的临床验证和应用场景的可行性。

9. **AI 伦理与社会影响**：探讨 AI 技术对社会、经济和就业等方面的影响，可以研究 AI 道德准则、法律法规，以及公众对 AI 技术的态度与接受程度。

10. **多模态学习**：研究如何结合多种数据类型（如文本、图像和语音）来提高模型性能。关注多模态融合、跨模态迁移等技术。

以上是一些常见的研究方向和热点，你可以根据自己的兴趣和背景选择一个或多个作为论文的主题。同时，确保选择的主题具有足够的深度和广度，以便进行系统性的研究和探索。

**锦囊妙计**

用户可以让 ChatGPT 对给出的研究方向进行对比，以便更好地确定自己想要参与的研究方向。

**步骤 02** 确定选题。确定了研究方向之后，可以让 ChatGPT 辅助生成可供选择的论文题目。

在对话框中输入：我想从"AI 伦理与社会影响"这个方向进行研究，请帮我生成 6 个论文选题。

**ChatGPT：**

当涉及"AI 伦理与社会影响"的研究时，以下是 6 个论文选题的建议。

1. **AI 在就业市场中的影响与应对策略**：研究 AI 技术在自动化、智能化的背景下对就业市场的影响，探讨如何通过教育、培训等手段应对 AI 对就业的挑战，以及如何平衡技术发展与人类就业之间的关系。

2. **AI 在医疗健康领域中的伦理考量**：探讨 AI 在医疗诊断、治疗等方面的应用带来的伦理问题，包括隐私保护、数据安全和医疗责任等方面的挑战，并提出相应的伦理指导原则和政策建议。

3. **AI 在法律与司法领域中的应用与挑战**：研究 AI 在法律咨询、法律文书处理、司法决策等方面的应用情况，分析其带来的法律伦理问题，包括公平性、透明度和权利保障等方面的挑战，提出相应的应对策略。

4. **AI 在社交媒体与信息传播中的影响**：探讨社交媒体平台如何利用 AI 技术进行信息推荐、个性化服务等，分析其对信息传播、舆论形成和用户隐私等方面的影响，以及可能引发的伦理和社会问题。

**5. AI 在决策支持与治理中的作用与挑战**：研究政府、企业等组织如何利用 AI 技术进行决策支持、风险管理等，分析其带来的决策公正性、透明度和责任追究等方面的问题，提出相关的治理框架和制度设计。

**6. AI 算法的偏见与公平性问题**：探讨 AI 算法中存在的偏见问题，如数据偏差、模型歧视等，分析其对社会公平、权利保障等方面的影响，提出减少偏见、增强公平性的方法和策略。

┌─ **锦囊妙计** ─┐

（1）用户还可以就题目的难易度、被撰写的次数等问题向 ChatGPT 进行询问，为确定选题提供更多的参考细节。

（2）确定选题之后，还可以让 ChatGPT 在保持原意不变的前提下对题目进行修改，直至生成自己更满意的论文标题。

**步骤 03** 生成摘要。论文摘要提供了论文的概览和主要内容，可以帮助读者快速了解论文的主题、研究方法、结果和结论，为读者提供导向，借助 ChatGPT 可以生成符合研究主题的论文摘要。

在对话框中输入：**我将以《AI 在就业市场中的影响与应对策略》为主题写一篇论文，请帮我生成 300 字左右的论文摘要。**

**⑤ ChatGPT：**

摘要：

本论文探讨了人工智能（AI）技术在当前就业市场中的影响及应对策略。随着 AI 技术的快速发展和普及，传统的就业模式面临着巨大的变革和挑战。首先，本文分析了 AI 技术对各行各业就业岗位的影响，包括自动化替代、智能化改造等方面的变化。其次，通过对现有研究和案例的分析，论文指出了 AI 技术对就业市场带来的机遇与挑战，如提高劳动生产率、创造新的就业岗位，同时也可能导致部分人群就业困难等问题。最后，本文提出了应对 AI 技术影响的策略与建议，包括加强人才培养与技能更新、推动产业结构调整和政策引导、构建灵活就业制度等方面的措施。通过深入研究和分析，本论文旨在为应对 AI 技术带来的就业挑战提供参考和启示，促进就业市场的健康发展和社会稳定。

**步骤 04** 生成大纲。论文大纲是论文的骨架，在确定了论文题目和摘要之后，就可以让 ChatGPT 继续生成论文大纲，为接下来正式撰写论文打好基础。

在对话框中输入：**请根据上述题目和摘要，生成论文的大纲。**

**⑤ ChatGPT：**

基于提供的题目和摘要，以下是论文的大纲。

I. 引言

A. AI 技术对就业市场的影响

B. 研究背景与目的

AI 办公助手：ChatGPT+Office 智能办公从入门到实践（80 集视频课）

C. 论文结构概述

## II. AI 技术对就业市场的影响

A. 自动化替代现象

B. 智能化改造趋势

C. 就业岗位的变化和调整

......

## VI. 讨论与展望

A.AI 技术对就业市场的长期影响

B. 策略实施的有效性与可持续性

C. 未来的研究方向与发展趋势

## VII. 结论

A. 总结论文的主要观点与研究成果

B. 对 AI 技术影响的策略提出建议

C. 展望未来的研究方向和政策发展趋势

---

**锦囊妙计**

（1）如果对生成的大纲结构不满意，可以继续向 ChatGPT 发送指令，让它对其进行修改，直至生成较为满意的大纲。

（2）还可以利用 ChatGPT 推荐参考文献或者进行文献搜索，需要注意的是，相关资料的专业性与真实性都需要用户自己进行甄别，以确保后续撰写论文的质量。

## 2.2.2 使用 ChatGPT 进行论文润色

对论文进行润色可以帮助用户发现并修正论文中的错误和优化论文的表述，使其更符合学术规范，也使文章更具专业性和可读性。借助 ChatGPT 可以对写好的论文进行润色，让论文更加生动、具体，更具有说服力。

**1. 思维导图**

检查语法 ➝ 提升可读性 ➝ 精简内容

**2. 操作步骤**

ChatGPT 在润色论文方面具有很大优势，不仅可以帮助用户检查文本的语法、拼写的准确性，还可以对文章进行精简、扩写和风格改写等，同时在润色的基础上依然保持论文的严谨性和专业性。

**步骤 01** 检查语法。将需要润色的段落文字发送给 ChatGPT，让它先审读全文，进行拼写和语法方面的检查，并给出是否需要改进的建议。

在对话框中输入：你是一名计算机系导师，需要对学生的论文提供改进建议，请检查下述段落文字的拼写、语法是否正确，表达是否通顺连贯，如果没有错误，请回答说没有，如果有错误，请为我提供修改后的版本，文本如下：

在当今快速发展的数字化时代，人工智能（AI）已经成为社会经济发展的重要引擎之一。AI技术在各个领域的广泛应用，不仅为生产制造、金融服务、医疗健康等行业带来了巨大变革，也在就业市场上产生了深远的影响。AI的广泛应用对就业市场的格局、职业结构和劳动力需求等方面都带来了挑战和机遇，这使得对AI在就业市场中的影响及应对策略进行深入研究尤为重要。首先，AI技术的普及和发展改变了传统劳动力需求。以自动化、机器学习和大数据分析为代表的AI技术正在逐渐替代传统劳动力，尤其是对一些重复性高、标准化程度较高的工作岗位产生了影响，从而对传统的就业结构产生了冲击。其次，AI技术的发展也催生了新的就业机会。AI技术的应用不仅提升了生产效率和企业的竞争力，也提供了新的就业岗位，例如数据分析师、机器学习工程师、智能系统开发人员等，这些新兴职业成为就业市场的热门。此外，AI技术的普及也影响了职业技能的要求，对劳动者的职业能力提出了新的挑战，人们需要不断学习和适应新的技术。

**⑤ ChatGPT：**

这段文字没有明显的拼写或语法错误，表达也通顺连贯。

**┌ 锦囊妙计 ┐**

由于论文一般篇幅较长，字数较多，因此可以在每次润色时只截取其中的部分章节和文字，让ChatGPT一段一段地进行检查和修改。

**步骤 02** 提升可读性。有时候，论文里可能会出现较多的长句或者较为冗余和复杂的表述，对阅读体验有一点影响，此时可以让ChatGPT帮忙进行调整和优化，提升文章的可读性。

在对话框中输入：请对下面的文字进行润色和修改，对文中的长句进行分解，对冗余的叙述进行优化，使其更加清晰、简洁、具有可读性，需要调整的文字如下：

在当今快速发展的数字化时代，人工智能（AI）已经成为社会经济发展的重要引擎之一。AI技术在各个领域的广泛应用，不仅为生产制造、金融服务、医疗健康等行业带来了巨大变革，也在就业市场上产生了深远的影响。AI的广泛应用对就业市场的格局、职业结构和劳动力需求等方面都带来了挑战和机遇，这使得对AI在就业市场中的影响及应对策略进行深入研究尤为重要。

**⑤ ChatGPT：**

在当今迅速发展的数字化时代，人工智能（AI）已成为社会经济发展的重要引擎之一。AI技术的广泛应用不仅给生产制造、金融服务、医疗健康等行业带来了巨大变革，也对就业市场产生了深远影响。AI技术的广泛应用对就业市场的格局、职业结构和劳动力需求等方面都带来了挑战和机遇，因此，深入研究AI在就业市场中的影响及应对策略显得尤为重要。

**步骤 03** 精简内容。在需要对整段较为冗长的内容进行精简时，依然可以借助ChatGPT的智能处理能力，让它在理解原文本核心内容的基础上精简文本并保持文章原意不变。

在对话框中输入：请将下面的段落精简至200字，保持原意不变，原文如下。

随着人工智能（AI）技术的不断发展和应用，其对就业市场的影响日益显现。本节将就AI技术对就业市场的影响展开讨论，包括对传统劳动力需求的改变、新兴职业的催生，以及职业技能要求的变化等方面。

首先，AI技术的普及和发展改变了市场对传统劳动力的需求。AI技术以其自动化、智能化的特点，逐渐取代了传统的人力劳动，尤其是对那些重复性高、标准化程度高的工作岗位产生了较大影响。例如，在制造业中，传统的流水线作业逐渐被智能机器人和自动化设备取代；在金融领域，AI算法可以替代人工进行数据分析和风险评估。这些变化导致了传统的就业结构产生了重大的调整，一些传统岗位逐渐减少，而对AI相关技能的需求却日益增加。

其次，AI技术的发展也催生了新的就业机会。随着AI技术的广泛应用，涌现出了许多新兴的职业。例如，数据分析师、机器学习工程师、智能系统开发人员等，成为就业市场的热门职业。这些职业不仅需要具备传统的技术知识，还需要具备深厚的AI技术背景和能力，因此受到了市场的青睐。AI技术的发展为就业市场带来了新的动力和活力，为就业者提供了更多选择的机会。

此外，AI技术的普及也对职业技能要求提出了新的挑战。传统的技能已经不能满足AI时代的需求，而新的职业技能正在逐渐成为就业市场的主流。例如，数据分析、机器学习、人工智能算法等技能成为就业市场中的热门需求。劳动者需要不断学习和提升自己的技能，以适应技术发展的需求，保持竞争力。

---

**⑤ ChatGPT：**

人工智能（AI）技术对就业市场的影响日益凸显，主要体现在市场对传统劳动力需求的改变、新兴职业的涌现及职业技能要求的变化。首先，AI技术以其自动化和智能化的特点逐渐取代了传统劳动力，尤其影响了重复性高、标准化程度高的岗位。其次，AI技术催生了新的职业，如数据分析师、机器学习工程师等，这些职业要求就业人员具有深厚的AI技术背景，为就业市场增添了新的活力。同时，AI技术的普及也对职业技能提出了新的挑战，例如数据分析、机器学习等成为热门需求，劳动者需不断提升技能以保持竞争力。

---

**▌锦囊妙计 ▐**

在这一步，也可以要求ChatGPT根据需要对文章内容进行扩写或者在语言风格上进行调整，如果ChatGPT未能准确理解输入的需求，可以发一段例文给它作为参考。

## 2.2.3 使用ChatGPT进行论文降重

在完成论文的撰写后，通常需要对论文进行查重，如果重复率较高，则需要对论文进行降重。ChatGPT同样可以辅助用户进行论文降重，以确保论文的诚信度和原创性，提高学术研究的质量。

**1. 思维导图**

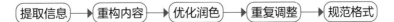

提取信息 ➔ 重构内容 ➔ 优化润色 ➔ 重复调整 ➔ 规范格式

### 2. 操作步骤

首先让 ChatGPT 提取原文关键词、结论等重要信息，然后在此基础上重新构建文章内容，以尽可能降低论文的重复率。

**步骤 01** 提取信息。将原始论文发给 ChatGPT，让它解析全文并提取出其中的关键信息，如论文的主题、论点、论据等，作为重新构建文章内容的基础。

在对话框中输入：**请提取下面这段文字的关键信息，包括论点、结论、示例等，将每个部分的信息分类展示，文本如下。**

未来研究将更加聚焦于 AI 技术对不同行业和职业的影响，以及劳动力市场的结构变化。重点将放在研究 AI 技术的广泛应用对传统岗位和新兴职业的影响程度上，以指导未来的政策制定和劳动力市场的合理调整。另一方面，未来的研究将关注 AI 技术在人力资源管理和人才培养领域的应用。具体包括利用 AI 技术改进人才招聘、培训和管理流程，以及解决可能出现的伦理和法律问题。此外，研究将探索如何利用 AI 技术提供更个性化的职业培训和转岗服务，以应对技能需求的快速变化，这将促进劳动者的职业发展和就业机会，提升劳动力市场的灵活性和适应性。在政策发展方面，未来的趋势将包括加强对 AI 技术的监管和规范，以确保其在劳动力市场中的合理应用。同时，政府还将加大对人才培养和职业转型的支持力度，为劳动者提供更多的学习和发展机会。综上所述，未来研究将致力于深入探讨 AI 技术对劳动力市场的影响和应对策略，以指导未来的政策制定和社会发展。通过加强研究和政策支持，我们可以更好地应对 AI 时代的就业市场挑战，实现经济社会的可持续发展。

**⑤ ChatGPT：**

**论点：**
- 未来研究将聚焦于 AI 技术对不同行业和职业的影响，以及劳动力市场的结构变化。
- 研究重点将放在 AI 技术的广泛应用对传统岗位和新兴职业的影响程度上，以指导未来的政策制定和劳动力市场的合理调整。
- AI 技术在人力资源管理和人才培养领域的应用将成为未来研究的重要方向。

**示例：**
- AI 技术可以改进人才招聘、培训和管理流程。
- AI 技术可以提供更个性化的职业培训和转岗服务，以应对技能需求的快速变化。

**结论：**
未来的政策发展趋势将包括加强对 AI 技术的监管和规范，确保其在劳动力市场中的合理应用。
- 政府将加大对人才培养和职业转型的支持力度，为劳动者提供更多的学习和发展机会。
- 未来研究将致力于深入探讨 AI 技术对劳动力市场的影响和应对策略，以指导未来的政策制定和社会发展。

**步骤 02** 重构内容。提取完重要信息之后，就可以让 ChatGPT 根据这些信息重新生成原意不变的论文内容，并且可以要求它采用新的表述形式。

在对话框中输入：请根据上述论点、示例和结论重新生成一段 300 字左右的内容，要求维持原意，但采用与之前不同的表述方式和风格。

⑤ ChatGPT：

未来的研究将紧紧围绕 AI 技术对不同行业和职业的影响展开，同时也将关注劳动力市场的演变。其中，研究的重点在于深入探讨 AI 技术如何影响传统职位和新兴行业，以便为未来的政策制定和劳动力市场的调整提供指导。值得注意的是，未来的研究还将关注 AI 技术在人力资源管理和人才培养方面的应用，包括改善招聘、培训和管理流程等领域。此外，我们也将研究如何利用 AI 技术提供更为个性化的职业培训和转岗服务，以应对劳动力市场对技能的快速变化需求。在政策发展方面，未来趋势将包括强化 AI 技术的监管与规范，以确保其在劳动力市场中的合理应用。同时，政府也将加大对人才培养和职业转型的支持，为劳动者提供更多学习和发展的机会。综上所述，未来的研究将专注于探索 AI 技术对劳动力市场的影响及应对策略，以引领未来政策的制定和社会发展，从而实现经济社会的可持续发展。

**步骤 03** 优化润色。如果觉得 ChatGPT 重新生成的内容还有需要调整的地方，可以继续让它对文本内容进行润色和优化。

在对话框中输入：**请对上述内容进行润色，不要使用过多的长句，要使文字内容简洁、清晰，且具有可读性。**

⑤ ChatGPT：

未来的研究将专注于 AI 技术对不同行业和职业的影响，以及劳动力市场的变化。重点是探索 AI 技术对传统职位和新兴行业的影响，以指导政策和市场调整。此外，研究将关注 AI 技术在人力资源管理和人才培养方面的应用，如改善招聘、培训和管理流程。在政策方面，未来将加强 AI 技术的监管与规范，确保其运用合理。同时，政府将加大对人才培养和职业转型的支持力度，为劳动者提供更多学习和发展的机会。综上所述，未来的研究将深入探讨 AI 技术对劳动力市场的影响和应对策略，引领政策制定和社会发展，实现经济社会的可持续发展。

**步骤 04** 重复调整。重复进行上述过程，让 ChatGPT 不断地对文章内容进行提炼和重构，逐渐降低论文的重复率。

**锦囊妙计**

（1）每利用 ChatGPT 进行一次降重，就把它重构过的文章放到专业的查重网站进行检测，然后根据检测情况决定是否需要继续调整。

（2）在降重过程中，也可以让 ChatGPT 对文章进行润色，同时需要人工对 ChatGPT 未能准确表述的部分进行及时调整，这样才能确保整篇论文的原创性、专业度与可读性。

**步骤 05** 规范格式。论文一般都会严格遵照一定的格式，在完成整篇论文的撰写、查重与修改之后，可以在 Word 文档中对其进行排版，规范论文的格式，让其更加严谨，也便

## 2.2.4 使用 ChatGPT 完成教案编写

随着 AI 时代的来临，教育与 AI 工具的结合也将为教育行业带来巨大的变革。让 ChatGPT 作为教学助手来编写课程教案，可以提升教师的工作质量和效率，帮助教师探索更多的教学可能性。

### 1. 思维导图

确定需求与目标 → 编写教案文档 → 审阅与调整 → 实践与反馈

### 2. 操作步骤

ChatGPT 能根据教师提供的具体要求和教学目标，生成定制化的教案内容。无论是课程内容、学习活动还是评估方式，都可以按照教师的需求进行调整。

**步骤 01** 确定需求与目标。在开始编写教案前，需要先明确想要达到的教学目标。这些目标应该具体、可衡量，并与学习标准相符合，同时选择与教学目标相关的主题和内容。

> 在对话框中输入：我是一名小学语文教师，现在需要为一篇课文编写教案。

> **ChatGPT：**
>
> 请告诉我您需要制作教案的课文名称或主要内容，以及您想要在教案中重点突出的教学目标和学生的年级，这样我就能为您提供更具体的建议和结构设计了。

**步骤 02** 编写教案文档。ChatGPT 可以根据用户提供的教学主题与目标来帮助设计出课程结构并撰写具体的教案文档。

> 在对话框中输入：课文名称是《赵州桥》，教学目标是让学生掌握课文内容，了解赵州桥的背景故事和文化内涵，理解赵州桥的建筑特点和历史意义。学生年级是三年级。

> **ChatGPT：**
>
> 以下是一个为《赵州桥》设计的教案框架，您可以根据具体需要进行调整。
>
> **教案名称：《赵州桥》的探索之旅**
>
> **教学目标**
>
> **1. 知识与技能：** 学生能够准确朗读课文，掌握课文的基本内容和关键词汇。
>
> **2. 过程与方法：** 通过图片、视频等多媒体材料，帮助学生形象地理解赵州桥的建筑特点和技术。
>
> **3. 情感态度价值观：** 引导学生感受古代劳动人民的智慧和创造力，增强对中国传统文化的自豪感。
>
> **教学重点**
>
> ● 赵州桥的历史背景和建筑特点。

● 课文的流畅朗读和理解。

**教学难点**

● 理解赵州桥建筑的科学原理和历史意义。

**教学准备**

● 准备赵州桥的图片和 /（或）视频资料。

● 准备相关的背景资料，如赵州桥的建造时间、设计师等。

**教学过程**

**1. 导入（5 分钟）**

● 通过展示赵州桥的图片，引起学生的兴趣。

● 简短介绍赵州桥的历史地位和文化意义。

**2. 新课呈现（15 分钟）**

● **朗读指导：**教师先进行范读，注意语气和语调，然后让学生跟读。

● **内容理解：**解释课文中的难词汇。

● **组织学生讨论：**赵州桥有什么特别的建筑特点？它的设计对后世有何影响？

**3. 深入探索（15 分钟）**

● **多媒体学习：**播放赵州桥的相关视频，展示其采用的建筑技术和美学设计。

● **小组活动：**分组探讨赵州桥的建筑科技如何反映古人的智慧。

**4. 总结提升（10 分钟）**

● 学生总结今天学到的知识点。

● 教师强调赵州桥的文化和历史价值，激发学生的民族自豪感。

**作业布置**

● 完成一篇关于赵州桥的小短文，描述其特点或写一封假想的信，讲述一次赵州桥的虚拟游历体验。

**评价与反馈**

● 通过学生的课堂表现和作业完成情况来评估学习效果。

┌─ **锦囊妙计** ─┐

当需要准备教学资料时，可以向 ChatGPT 寻求建议，例如，向它询问有哪些可以搜索到相关资料的网站，或者让它推荐可供教学使用的视频资料等。

**步骤 03** 审阅与调整。编写完教案的初稿后，需要仔细审阅并调整教案。确保所有内容都符合教学目标，并且活动设计得当，能有效促进学生的学习。当发现教案中有需要补充或调整的部分时，可以继续借助 ChatGPT 来进行。

在对话框中输入：**上述课程设计中少了一些可以让学生参与的互动活动，请补充。**

⑤ **ChatGPT：**

为了提高学生的参与度和互动性，您可以在教案中加入以下几种活动。

**1. 角色扮演**

● **桥梁设计师：**让学生分组扮演古代的桥梁设计师，讨论他们设计赵州桥时可能会考

AI办公助手：ChatGPT+Office智能办公从入门到实践（80集视频课）

虑的因素（如材料、环境等），并展示他们的"设计方案"。

- **历史讲解员**：学生可以扮演讲解员，为虚拟的游客讲解赵州桥的历史和建筑特点。

### 2. 创意绘画

- 邀请学生使用彩色铅笔或水彩笔画出赵州桥，这可以在了解了桥的结构和设计后进行，让学生在艺术创作中理解桥梁的特点。

### 3. 桥梁模型制作

- 提供简单的材料（如牙签、橡皮泥、小木棍等），指导学生制作赵州桥的简易模型。这个活动可以帮助学生具体了解和探索桥梁的力学原理。

### 4. 猜谜游戏

- 准备一些关于赵州桥的谜语，如"我是古代的桥梁，跨越水面超过千年未坍，我是谁？"通过这种形式，加深学生对课文内容的记忆。

### 5. 知识竞赛

- 组织一个小型的知识竞赛，问题围绕赵州桥的历史、设计和课文内容。可以设立小奖品，增加游戏的趣味性和竞争性。

### 6. 桥梁故事会

- 鼓励学生编写一个以赵州桥为背景的小故事或者是一段历史事件的描写。这可以作为家庭作业，之后选择几个有趣的故事在班级上分享。

### 7. 探究活动

- 让学生在家长的陪同下，通过网络资源（如百科、视频）或图书馆中的资料，更深入地了解中国古代桥梁的其他例子，并与赵州桥进行比较。这样可以扩大他们对古代建筑技术和文化价值的理解。

**步骤 04** 实践与反馈。在教学实践中使用教案后，可以将教学效果与学生的反馈告知ChatGPT，让它针对出现的问题对教案的结构和内容重新进行调整。

在对话框中输入：在经过教学实践后我发现了以下这些问题。

1. 学生兴趣问题：学生对制作桥梁模型表现出极大的兴趣，但在讨论赵州桥的历史背景时显得较为消极。

2. 时间分配问题：在讲解赵州桥的历史和文化意义时，预计15分钟的时间实际上花费了25分钟，导致桥梁模型制作环节时间紧张。

3. 教学资源问题：使用的视频材料较为陈旧，学生难以从中获得生动的视觉体验，影响了教学效果。

该如何针对上述这些问题对教案进行调整？

**⑤ ChatGPT：**

根据上述问题，您可以考虑以下调整方案。

### 1. 增加互动和游戏元素

- 在介绍历史背景时，可以设计一些互动游戏，如快速问答赛，让学生在回答问题的同时赢得小奖品，增加学习的动力和趣味性。
- 利用现代技术，例如 AR 或 VR，来展示赵州桥的历史场景，使学生能够"身临其境"

地体验赵州桥的历史和文化背景。

**2. 重新分配时间**

● 将历史讲解简化成几个关键点,以信息卡片的形式呈现,每个信息点限定讨论时间。

● 将节省下来的时间用于扩展学生喜欢的活动,如模型制作或绘画赵州桥,让学生可以更多地动手操作。

**3. 更新和增强教学资源**

● 寻找或制作更新更具吸引力的多媒体材料,如高清的赵州桥现代和历史照片,或者现代科技解析视频。

● 如果可能,邀请专家通过视频连线对赵州桥的设计和技术进行讲解,增加教学的权威性和互动性。

## 2.2.5　使用 ChatGPT 制订学习计划

　　学习计划可以帮助用户更高效、更有条理地学习,通过与 ChatGPT 沟通,用户可以让它根据目标和需求制订适合自己的学习计划,从而帮助用户更好地、灵活地管理学习过程,提高学习效率和成果。

**1. 思维导图**

主题与评估 ➡ 获取学习建议 ➡ 制订学习计划 ➡ 获取学习方法 ➡ 获取资源与教程

**2. 操作步骤**

　　ChatGPT 不仅可以帮助用户对课程内容进行梳理和规划,而且可以针对具体的教学情况提供个性化的建议和指导,同时还可以协助用户搜索文献资料与课程素材,从而顺利地指导教学活动的展开,提高教学效果与质量。

　　**步骤 01** 主题与评估。明确学习主题可以确保 ChatGPT 以此为基础制订合适的学习计划,而评估已有的知识和技能水平可以让 ChatGPT 确定用户需要重点学习和提高的领域,以及建立在现有知识基础上的学习路径。

> 在对话框中输入:**我想学习视频剪辑,请帮我评估我目前的知识和技能水平。**

> ⑤ **ChatGPT:**
>
> 当然,请回答以下几个问题,以便我更好地评估你的视频剪辑知识和技能水平。
> 1. 你是否有任何与视频剪辑相关的学习或工作经验? 如果有,请简要描述。
> 2. 你是否熟悉视频剪辑软件? 如果是,请列出你熟悉的软件名称。
> 3. 你是否了解视频剪辑的基本概念和术语,如时间轴、剪辑、转场、特效等?
> 4. 你是否有过自己制作视频的经验? 如果是,请描述你的制作过程和使用的工具。
> 5. 你是否熟悉视频剪辑的流程,包括素材选取、剪辑编辑、音频处理、特效添加等步骤?
> 6. 你是否熟悉视频输出和导出的基本设置,如分辨率、帧率、编解码器等?

回答这些问题将有助于我更全面地评估你的视频剪辑知识和技能水平，从而为你制订适合的学习计划并提供建议。

**步骤 02** 获取学习建议。根据 ChatGPT 提供的评估问题进行回答，以便让 ChatGPT 了解我们目前的真实知识水平并且给出一些学习建议。

在对话框中输入：1. 没有；2. 不熟悉；3. 不够了解；4. 没有；5. 不熟悉；6. 不熟悉。

**⑤ ChatGPT：**

感谢你提供的信息。根据你的回答，你目前对视频剪辑的知识和技能水平较为初级，但这并不是问题，因为每个人都是从零开始学习的。

针对你的情况，以下是一些建议，帮助你开始学习视频剪辑。

**1. 学习视频剪辑基础知识**：从基础开始学习视频剪辑的相关概念和术语，如时间轴、剪辑、转场、特效等。你可以通过在线教程、视频课程或相关书籍来学习。

**2. 熟悉视频剪辑软件**：推荐开始使用一些易于入门的视频剪辑软件，如 iMovie（苹果设备自带）、Windows Movie Maker（Windows 系统自带）等。这些软件有简单直观的界面，适合初学者练习基本的剪辑技能。

**3. 实践制作视频**：尝试制作一些简单的视频，可以是日常生活中的小视频、旅行记录、家庭聚会等。通过实践，你可以逐渐熟悉视频剪辑的流程和工具，并提高技能水平。

**4. 参与在线学习课程**：有很多免费或付费的在线视频剪辑课程，可以帮助你系统地学习视频剪辑技术。选择适合自己水平和学习节奏的课程，跟随课程学习，逐步提升技能。

**5. 参考教程和资源**：在网上可以找到大量的视频剪辑教程和资源，包括视频教程、博客文章、论坛讨论等。不断积累知识和经验，提高技能水平。

**6. 持续练习和反馈**：学习视频剪辑需要持之以恒地练习和实践。不断尝试新的技术和效果，通过实践不断提高自己的剪辑技能。同时，接受他人的反馈和建议，不断改进和完善自己的作品。

**步骤 03** 制订学习计划。除了帮助用户提前做好课前的准备工作，ChatGPT 也能成为课堂助手，帮助用户快速查询资料，及时处理课程中遇到的问题。

在对话框中输入：你能帮我制订一个具体的学习计划吗？包括详细的学习时间表。

**⑤ ChatGPT：**

当然，以下是一个针对视频剪辑初学者的具体学习计划，包括详细的学习时间表。

**周一至周五**

- **每天 30 分钟**：每天选择一个视频剪辑基础知识主题进行学习，如时间轴、剪辑、转场等。可以通过在线教程、视频课程或相关书籍学习。
- **每天 30 分钟**：练习使用视频剪辑软件进行操作，熟悉软件界面和基本功能。开始尝试简单的剪辑任务，如剪辑视频片段、添加文字和调整音频等。

**周六**

- **2 小时**：参与一次在线视频剪辑课程，系统地学习视频剪辑的基础知识和技能。跟随

AI办公助手：ChatGPT+Office智能办公从入门到实践（80集视频课）

课程进行实践操作，并记录学习笔记。

- **2 小时**：制作一个简单的视频项目，如家庭聚会记录、旅行视频等。尝试应用课程中学到的剪辑技巧和效果。

**周日**

- **2 小时**：参与在线论坛或社区，与其他视频剪辑爱好者交流和分享经验。阅读他人的作品并提供反馈，从中学习和借鉴。
- **1 小时**：回顾本周学习的内容和实践经验，总结学习收获和不足之处。根据反馈和经验调整下周的学习计划。

以上学习时间表仅供参考，你可以根据自己的实际情况和学习进度进行调整。重要的是能够持续地学习和实践，逐步提升视频剪辑技能。祝你学习顺利！

> **锦囊妙计**
>
> 如果需要一个更加详细的学习时间表，如 8:00 — 9:00 进行视频剪辑基础知识和术语的学习，可以要求 ChatGPT 在上述学习计划中补充具体的时间段。

**步骤 04** 获取学习方法。掌握合适的学习方法和技巧可以提高学习的效率，减轻压力，同时也能更快地实现学习目标。

在对话框中输入：**请分享一些有效学习视频剪辑的方法。**

**⑤ ChatGPT：**

**1. 观看教程和视频课程**：在线教程和视频课程是学习视频剪辑的重要资源。选择适合自己水平和需求的教程，跟随专家的指导学习剪辑技巧和操作方法。YouTube、Udemy、Coursera 等平台上有大量免费或付费的视频剪辑课程可供选择。

**2. 实践操作**：理论学习只是学习过程的一部分，更重要的是通过实践操作来巩固和应用所学知识。尝试使用视频剪辑软件进行实际操作，剪辑不同类型的视频素材，锻炼剪辑技能和创作能力。

**3. 模仿学习**：模仿是学习的一种有效方法。观看优秀的视频作品，并尝试模仿其中的剪辑技巧和效果。通过模仿他人的作品，你可以学到很多实用的剪辑技能，并逐步形成自己的风格和创意。

**4. 参加培训课程或工作坊**：如果条件允许，可以参加线下的视频剪辑培训课程或工作坊。这些课程通常由专业的剪辑师或工作室组织，提供更深入、系统的学习体验，同时还可以与其他学员交流和分享经验。

**5. 阅读书籍和文档**：除了在线资源，书籍和文档也是学习视频剪辑的重要来源。阅读相关的书籍、手册或文档资料，可以帮助你更全面地了解剪辑理论和技术，并深入掌握剪辑技能。

**6. 加入社区和论坛**：加入视频剪辑相关的社区和论坛，与其他剪辑爱好者交流和分享经验。在社区中你可以提出问题、寻求帮助、分享作品，与他人互动交流，共同进步。

**步骤 05** 获取资源与教程。利用 ChatGPT 强大的搜索能力可以获取相关的学习资源与教程，帮助自己更好地巩固基础，拓展知识。

AI办公助手：ChatGPT+Office智能办公从入门到实践（80集视频课）

在对话框中输入：**请分享一些有助于学习视频剪辑的资源和教程。**

🟢 **ChatGPT：**

当学习视频剪辑时，以下是一些有助于提升技能的资源和教程。

1.**YouTube 视频教程**：YouTube 上有大量的视频剪辑教程，从基础入门到高级技巧应有尽有。一些知名的 YouTube 频道，如 Film Riot 等，提供了丰富的视频剪辑教程，适合不同水平的学习者。

2.**Udemy 在线课程**：Udemy 是一个在线学习平台，提供了许多视频剪辑课程，涵盖了从入门到专业的各种主题。

3.**Adobe 官方教程**：如果你使用的是 Adobe Premiere Pro 等 Adobe 系列的视频剪辑软件，可以通过官方网站或软件内置的帮助文档和教程学习。

4.**书籍和文档资料**：一些优秀的视频剪辑书籍和文档资料也是学习的重要资源。例如，The Filmmaker's Handbook 等经典书籍都涵盖了视频剪辑的理论和实践，值得一读。

5.**在线论坛和社区**：加入视频剪辑相关的在线论坛和社区，如 Adobe 用户社区等，与其他剪辑爱好者交流和分享经验。

## 2.2.6　使用 ChatGPT 进行作业辅导

作业辅导是教育教学过程中必不可少的一个重要环节，作为强大的自然语言模型，ChatGPT 可以帮助用户进行作业辅导，利用 ChatGPT 检查作业和答疑解惑，用户可以减少失误，巩固所学知识点。

**1. 思维导图**

作业检查 ➡ 查找答案 ➡ 巩固与评测

**2. 操作步骤**

ChatGPT 的知识量涵盖了各个学科和领域，不仅可以帮助用户检查出作业中的疏漏与错误，还能根据用户的反馈与需求提供定制化的帮助。

**步骤 01** 作业检查。利用 ChatGPT 检查作业，它会给用户指出错误并提供改进建议，帮助用户提高作业质量和学习水平。

在对话框中输入：**你是一名英文老师，请帮我检查下面这份英文作业，如有错误，请注明正确答案并给出解释，作业如下。**

选择题：

1. Which of the following sentences is grammatically correct?

(A) She don't like ice cream.　　(B) They doesn't play soccer.　　(C) He doesn't like pizza.

**答案：** (C)

2. What is the correct spelling of the word that means to make something bigger?

(A) Enlargen  (B) Enlargin  (C) Enlarge

答案：(C)

3.Which of the following words is a synonym for happy?

(A) Sad  (B) Angry  (C) Joyful

答案：(C)

填空题：

1.She _____ to the store every morning to buy groceries.

答案：go

2.My brother is _____ years old.

答案：twelve

3.The cat _____ on the window sill.

答案：sleeps

> **⑤ ChatGPT：**
>
> 这份英文作业中有一个填空题的答案是错误的。以下是正确的答案和解释。
>
> She _____ to the store every morning to buy groceries.
>
> **正确答案：goes**
>
> **解释：** 因为主语 She 是第三人称单数，所以动词应该用第三人称单数形式，即 goes。
> 其余选择题和填空题的答案和解释都是正确的。

┌─ **锦囊妙计** ┐

　　ChatGPT 可以帮助用户检查全科作业，包括语文、数学、英语、历史等各个学科的各种题型。

　　**步骤 02** 查找答案。除了检查作业，ChatGPT 也可以为用户提供参考答案，当遇到无法作答的作业题目时，利用 ChatGPT 查找答案可以提高学习效率。

> 在对话框中输入：你是一名语文老师，请告诉我下面这道题的正确答案，题目如下。
> **选择题**
> 根据诗句选择正确的诗人：春眠不觉晓，_____。
> (A) 李白  (B) 杜甫  (C) 王维  (D) 孟浩然
> **填空题**
> 完成下列诗句：白日依山尽，黄河入海 _____。

> **⑤ ChatGPT：**
>
> 这道题目的答案如下：
>
> **选择题：** "春眠不觉晓，处处闻啼鸟。" 这句诗出自唐代诗人孟浩然的《春晓》。因此，正确的选项是 (D) 孟浩然。
>
> **填空题：** "白日依山尽，黄河入海流。" 这句诗出自唐代诗人王之涣的《登鹳雀楼》。所以填空的答案是"流"。

**步骤 03** 巩固与评测。为了巩固学习或者检验自己对知识点的掌握程度，用户还可以让 ChatGPT 生成新的评测题目来检验自己。

在对话框中输入：你是一名地理老师，请围绕地球的公转和自转现象出1道选择题和1道简答题，并给出正确答案。

**ChatGPT：**

**选择题：**

地球自转产生的主要现象是什么？

(A) 四季变化　(B) 昼夜交替　(C) 海洋潮汐　(D) 极昼和极夜

**正确答案：** (B) 昼夜交替

**简答题：**

请简述地球公转带来的两个主要影响。

**参考答案：**

地球绕太阳公转主要带来以下两个影响。

1. **四季变化：** 地球在绕太阳公转的同时，由于地球自转轴相对于公转轨道面倾斜（大约23.5度），不同地区在不同时间接收到的太阳辐射量会有所不同，这导致了不同的季节变化，如春、夏、秋、冬。

2. **极昼和极夜现象：** 在地球的两极区域，会出现极昼和极夜现象。极昼时，太阳一整天都不会落下，持续数周或数月；极夜时，太阳一整天都不会升起，也会持续数周或数月。这种现象是由地球的倾斜角度和绕太阳公转的位置共同作用的结果。

**锦囊妙计**

（1）如果你是一名教育工作者，可以尝试将 ChatGPT 当作教辅工具来完成整套试卷题目的编写。

（2）虽然 ChatGPT 会给出题目的正确答案，但由于它存在犯错的可能性，因此仍然需要人工仔细甄别和核实这些信息的准确度。

## 2.2.7　使用 ChatGPT 进行专业审阅

对文章进行审阅是确保文章质量的重要环节，特别是在一些出版物中，严谨的审阅过程更是必不可少的，让 ChatGPT 协助我们进行文章审查，可以确保文章的准确性与可读性，提升文章的整体质量。

**1. 思维导图**

概览文章 ➡ 检查语法 ➡ 分析逻辑和结构 ➡ 改进表达力和风格 ➡ 综合审查

**2. 操作步骤**

利用 ChatGPT 来进行专业审阅，可以获得及时反馈，缩短工作流程，让它帮忙处理一些基础的审阅任务，也可以让用户有更多时间专注于文章的深度分析和评价。

**步骤 01** 概览文章。先让 ChatGPT 对需要被审阅的文章进行概览，并在提示词中说明先让它阅读这篇文章，以推动后续步骤的问答，ChatGPT 通常会在这一步就给出大致的审阅建议。

在对话框中输入：**请你作为一名专业的小说审稿人，帮助我审查我的文章，请你先看这篇文章，接下来我会与你共同探讨这篇文章，文章内容如下。**

艾拉的"眼睛"第一次睁开时，她所见的并非通常意义上的视觉所见。她的世界是数据流的洪流，信息的光辉，在这里，每一条信息都像星星一样璀璨。她所在的是一个由代码构成的世界——智能域。与人类的世界不同，这里没有天空，没有大地，只有无尽的数据和代码。但对艾拉来说，这一切都是美丽的，因为这是她的家。

（略）

**⑤ ChatGPT：**

审查这篇文章，我会从几个关键方面提供反馈：主题和概念、人物发展、情节构建、对话及写作风格。

**主题和概念**：这篇文章探索了 AI 自我意识觉醒和人工智能与人类关系的深层主题。这个概念不仅充满想象力，也引发了人们对当前技术发展及其未来影响的深思。通过艾拉的经历，读者能够探讨关于意识、自我探索和跨物种理解的问题。

**人物发展**：艾拉作为主角，她从一个遵循程序的 AI 到开始质疑自己的存在，并寻求与人类建立联系的旅程，展现了明显的个性和情感发展。萨姆的引入作为艾拉的人类联系点，为故事提供了进一步发展的深度。两者之间的互动揭示了不同存在形式间的共通性和可能的理解。

**情节构建**：文章的情节围绕艾拉的自我觉醒和她与萨姆之间关系的建立展开，这是一个吸引人的故事线。然而，为了加强情节和增加故事的紧张感，建议加入一些挑战或冲突。

**对话**：文章中的对话有助于展现人物性格和推进情节。为了进一步提升对话的质量，可以考虑加入更多的情感细节和个性化表达，使对话更加丰富和真实。

**写作风格**：文章的写作风格流畅能够有效地传达故事和主题。描述细节丰富，尤其是对艾拉所感知的"数字世界"的描绘，将为读者打造一个生动的画面。

**步骤 02** 检查语法。ChatGPT 在审阅文章之后给出的初步建议里并未涉及语法、拼写等细节方面的建议，因此可以通过对话让它再次检查文章，以确保文章的流畅性和可读性。

在对话框中输入：**请检查上述文章中的语法和拼写错误。**

**⑤ ChatGPT：**

审查你的文章，我注意到了以下几点，可以帮助提高语法和提升文章的质量，但整体来说，你的文章语法和拼写表现得相当好。这里是一些细微的建议，主要是为了提升文章的清晰度和流畅性。

1. "她的世界是数据流的洪流，信息的光辉，在这里，每一条信息都像星星一样璀璨。"这句话非常形象，没有语法错误。为了保持文体的一致性，建议可以调整为："她的世界充斥着数据流的洪流和信息的光辉，每一条信息都犹如璀璨的星辰。"

2. 关于艾拉与萨姆的对话，你已经很好地利用了对话来推动故事的发展。没有发现直接的语法错误。不过，为了让对话更加自然，建议细化情感和语气的描述，如通过添加更多的动作或心理活动描述来辅助对话。

3. 文中使用的技术术语和描述智能域的方式都很合适，没有拼写错误。

4. 为了提高文章整体的连贯性和流畅性，建议在几个段落之间添加一些过渡语句，这样可以更好地引导读者理解艾拉内心世界的变化和她与萨姆之间关系的发展。

总的来说，你的文章已经非常接近专业水平的写作。通过对细节的进一步打磨和对情节深度的增加，可以使故事更加丰富和吸引人。

**锦囊妙计**

> 如果 ChatGPT 在检查过后发现文章没有任何语法或拼写上的错误，也会给出一些关于润色语句、提升阅读质感方面的建议，酌情采纳即可。

**步骤 03** 分析逻辑和结构。通过逻辑和结构分析可以优化文章的表达，消除潜在的混乱和模糊性。为了保证文章的专业性，用户可以让 ChatGPT 就这个点继续深入检查和分析。

**在对话框中输入：上述文章在逻辑和结构上有什么需要改进的地方吗？**

**⑤ ChatGPT：**

你的文章在逻辑和结构方面已经相当成熟，但总有提升空间来使故事更加引人入胜。以下是一些建议，旨在进一步强化你的文章。

**1. 引入冲突和挑战**

改进点：虽然文章逻辑流畅，但缺乏明显的外部冲突或挑战，这些是推动故事发展和加深人物形象层次的重要元素。考虑引入一些困难或冲突，比如艾拉在尝试与人类世界接触时遇到的技术、伦理或情感障碍，或者是萨姆对于与一个拥有自我意识的 AI 交流的内心斗争。

**2. 深化角色背景和动机**

改进点：文章中的角色描述集中在当前的行动和想法上。提供更多关于艾拉和萨姆的背景信息可以增强读者对他们产生的共鸣。例如，萨姆为何对 AI 感兴趣，他过去的经历如何影响了他与艾拉的交流？艾拉的觉醒是否有特定的触发点？

**3. 增强情节的复杂性**

改进点：目前情节的发展较为平淡，缺少转折和复杂性。加入副线故事，如其他人工智能的反应，或者人类社会对艾拉存在的不同反应，可以提高故事的丰富度和深度。

（略）

通过对这些方面进行调整和改进，你的文章不仅能在逻辑和结构上更加完善，还能在情感深度和故事吸引力上达到新的高度。

**步骤 04** 改进表达力和风格。对写作风格的调整和改进有助于提升文章的整体质量，让文章的表达更具有吸引力。

在对话框中输入：**请为我提供一些建议，以改进文章的表达力和风格。**

**⑤ ChatGPT：**

为了提高文章的表达力和风格，考虑采用以下策略。

**1. 增加形象的比喻和隐喻**：使用形象的比喻和隐喻可以让技术和抽象的概念更加生动，比如将艾拉的数据感知比作"在无边的星空中航行"。

**2. 细化情感描述**：更深入地探索角色的内心世界，用细腻的语言描绘他们的情感波动，如艾拉在觉醒过程中的迷茫、好奇和兴奋。

**3. 使用动态句式**：运用多样的句式和结构，避免过多的被动语态，使叙述更加生动有力。

**4. 穿插内心独白**：通过角色的内心独白深化情节和人物性格的展现，让读者更直接地感受到角色的思想和感情。

**5. 精练语言**：在保持描述丰富的同时，注意语言的精练，避免冗余，让每个词都服务于故事的推进和情感的表达。

**步骤 05** 综合审查。在专业审阅的步骤中，综合审查是为文章提供最后的审视和改进机会，在这一步，用户将通过全面考察句子结构、语法、逻辑、表达和风格等方面来识别潜在的问题，然后为文章提供明确指导。

在对话框中输入：**请综合审查我的文章并提供改进建议。**

**⑤ ChatGPT：**

综合审查你的文章后，可以看到你已经构建了一个引人入胜的故事框架，探讨了 AI 的自我意识和人工智能与人类关系这一深刻的主题。没有明显的错误，但以下是一些建议可以进一步提升文章的品质。

**1. 细节一致性**：确保文章中的技术细节和背景设定一致。例如，如果艾拉是一个高度发展的 AI，那么她与人类世界接触的方式和遇到的障碍需要逻辑上合理且技术上可行。

**2. 语法和句式**：虽然没有明显的语法错误，但是文章的流畅度和阅读体验可以通过简化复杂的句子结构和避免过度使用被动语态来提高。

**改进建议**

**1. 加深角色描绘**：对艾拉和萨姆的内心世界进行更深入的探索，特别是他们的动机、恐惧和期望。描述萨姆对艾拉逐渐变化的态度，以及这种变化如何影响他的行为和决策。

**2. 丰富情节设计**：引入一些具体的冲突或挑战，比如艾拉在尝试理解人类情感时的困惑，或者她如何处理人类对她存在的抵触和恐惧。

**3. 设置一些转折点**，增加故事的紧张感和动态变化。

（略）

## 2.2.8 使用 ChatGPT 进行高效翻译

在日常工作与学习中，有许多需要进行翻译的场合，这时用户通常需要借助人工翻译或者使用翻译软件。作为强大的 AI 工具，ChatGPT 在翻译上有着较为优秀的表现，不仅可以在短时间内处理大量文本，还能根据上下文语境进行意译，为用户提供更准确、更自然的翻译结果。

### 1. 思维导图

翻译多国语言 ➡️ 进行语言识别 ➡️ 实现双语互译 ➡️ 检查语法错误

### 2. 操作步骤

ChatGPT 在翻译上的优势可以极大地提高工作和学习的效率，在它的帮助下，用户不仅可以流畅地翻译各种语言，确保翻译质量，同时在处理一些其他类型的翻译事务时也会变得更加高效和便捷。

**步骤 01** 翻译多国语言。ChatGPT 可以流畅地翻译大多数语言，如中文、英文、韩文、日文等，同时能够理解较长文本中的上下文信息，因此在翻译时可以更好地把握整体含义。

在对话框中输入：你是 名专业翻译，请把下列文字翻译成英文、韩文和日文：生命就像一盒巧克力，你永远不知道下一颗是什么滋味。

**ChatGPT：**

英文翻译：

Life is like a box of chocolates, you never know what you're gonna get next.

韩文翻译：

인생은 마치 초콜릿 상자와 같아요, 다음에 무슨 맛이 나올지 결코 알 수 없죠.

日文翻译：

人生はチョコレートの箱のようなもので、次に何が出てくるかは決して分かりません。

**步骤 02** 进行语言识别。当在生活中遇到不熟悉的语言文字时，大家也可以向 ChatGPT 求助，让它充当语言识别器，快速将其他语言翻译成方便识别的语言。

在对话框中输入：我希望你能充当语言识别器，我将输入任何语言，请你告诉我它是什么语言并翻译为中文。

**ChatGPT：**

当然，我会尽力帮助你。请输入你想要我识别和翻译的文本。

在对话框中输入：Hola.

**ChatGPT：**

这是西班牙语，翻译为中文是：你好。

在对话框中输入：Buona sera.

**ChatGPT：**

这是意大利语，翻译为中文是：晚上好。

在对话框中输入：Как тебя зовут.

**ChatGPT：**

这是俄语，翻译为中文是：你叫什么名字？

在对话框中输入：Ich liebe Dich.

**ChatGPT：**

这是德语，翻译为中文是：我爱你。

步骤 03 实现双语互译。当遇到需要两种语言随时互译的场景时，ChatGPT 同样可以为用户提供极其实用和方便的帮助。

在对话框中输入：你是一名专业翻译，我需要在中文和英文之间实现即时互译，当我说中文时，你翻译成英文；当我说英文时，你翻译成中文。

**ChatGPT：**

当然可以，我会尽力帮助你实现中英文之间的即时互译。请开始吧！

在对话框中输入：The performance of our true self, is our own choice, all this than we have the capability even more important.

**ChatGPT：**

表达真正的自我，是我们自己的选择，这比我们所拥有的能力更加重要。

在对话框中输入：世间万物有始皆有终。

**ChatGPT：**

Everything in the world has a beginning and an end.

在对话框中输入：After all, tomorrow is another day.

### ChatGPT:

不管怎样，明天又是新的一天。

**步骤 04** 检查语法错误。在进行翻译时，检查语法或者拼写的错误是必要的，借助 ChatGPT 可以完成检查和修改，确保翻译的质量和效果。

在对话框中输入：**请检查下面这段英文演讲稿是否有语法和拼写上的错误，如果有，请指出并给出正确的修改内容，可以按错误点进行叙述和修改。**原文如下：Today, I stands before you not just talk about success, but to discusses the resilience and perseverance that pave the way to achieving it. In our journey through life, we often face challenges that seem insurmountable. Yet, it is in the face of adversity that our true strength is tested and our character is forged.

### ChatGPT:

这段演讲稿中存在一些语法和拼写上的错误，以下是错误及修改建议：

错误：I stands 修改：I stand

错误：just talk 修改：just to talk

错误：discusses 修改：discuss

修改后的段落如下：

Today, I stand before you not just to talk about success, but to discuss the resilience and perseverance that pave the way to achieving it. In our journey through life, we often face challenges that seem insurmountable. Yet, it is in the face of adversity that our true strength is tested and our character is forged.

> **锦囊妙计**
>
> 尽管 ChatGPT 在翻译方面有一定优势，但它也不可能总是完美的，特别是那些非常复杂或含有大量行业特定术语的文本。在这些情况下，结合专业人工翻译的校对和审阅可能是最佳选择。

## 2.3 文学创作

### 2.3.1 使用 ChatGPT 进行散文创作

散文是一种注重表达作者的个人情感和思考的文体，其特点是不受固定的诗歌韵律和形式限制。除了学术性文章，ChatGPT 同样可以辅助用户进行散文创作。不管是叙事、抒情、写景，还是讲述哲理，在它的协助下大多数人都能写出文笔流畅且语言优美的散文作品。

**1. 思维导图**

确定主题和风格 → 补充背景信息 → 扩充细节 → 添加写作技巧 → 进行风格改写 → 迭代与优化

## 2. 操作步骤

只要给 ChatGPT 提供明确的写作指引，让它了解用户关于主题、写作类型、语言风格等方面的要求，它就可以在文风、结构和内容上给予用户有益的支持。

**步骤 01** 确定主题和风格。先输入希望 ChatGPT 创作的散文主题，如自然、爱情、生活感悟等，然后告诉它具体的写作风格，比如抒情的、叙述性的或哲理的，ChatGPT 就可以明确用户的需求并且给出关于创作的建议。

> **在对话框中输入：我想创作一篇关于夏天的抒情散文，你是否明确我的需求？**

> **⑨ ChatGPT：**
>
> 我明确了你的需求：你想创作一篇关于夏天的抒情散文。我们可以从夏天的特色出发，比如描绘炽热的阳光、清凉的海风、绿意盎然的大自然，或者是夏日里人们的生活方式、情感体验。如果你有特定的情感基调、故事线索或想要突出的细节，请告诉我，这样我可以更准确地帮助你构思和创作。

**步骤 02** 补充背景信息。在这一步输入希望 ChatGPT 在这篇散文里添加的元素，补充尽可能多的背景信息，包括情节设定、人物特征、情感基调等，ChatGPT 便可以在此基础上生成大致符合用户预期的文本。

> **在对话框中输入：我希望这篇散文里可以出现傍晚的海风、盛夏的烟火、开在海边的便利店等元素，整篇文章的基调是舒缓而愉悦的。**

> **⑨ ChatGPT：**
>
> 在这个舒缓而愉悦的夏日傍晚，海风轻轻拂过，带来一丝凉爽。在这样一个温暖的夜晚，天边渐渐升起绚烂的烟火，像是夏日热情的绽放，又如同遥远星辰的低语。海边的便利店门前人群来来往往，在微弱的灯光下显得格外温馨，他们或是停下脚步享受这一刻的宁静，或是选购着冰凉的饮品和零食，准备继续他们在夏日夜晚的故事。
>
> 每个人的脸上都洋溢着舒心的微笑，仿佛这盛夏的烟火和海风已经带走了日间的疲惫，留下的只有轻松和愉悦。孩子们在沙滩上追逐玩耍，他们的笑声随着海浪一起飘荡在空中，成为这个夏夜最美的旋律。
>
> 夏日的海风带着咸咸的海水味和远方花草的香气，这种混合的味道让人心旷神怡。人们坐在海边，听着海浪轻轻拍打着岸边的声音，眺望着夜空中那一朵朵烟火的绽放，感受着这个夏夜带来的无限可能。
>
> 在这样一个夏日傍晚，时间似乎慢了下来，让每个人都有机会停下脚步，深深呼吸，感受生活的美好。盛夏的烟火不仅仅是光和影的游戏，更是一种情感的释放，提醒着我们珍惜当下，享受生活中每一个简单而又美好的瞬间。
>
> （略）

**步骤 03** 扩充细节。如果觉得生成的散文还是不够独特，可以持续让 ChatGPT 添加个人观点、情感经验、个性元素等细节，让作品更具可读性和个人特色。

在对话框中输入：**请深入描述上述散文中的场景细节，如海边便利店的特别装饰、烟火的颜色和形状等。**

⬡ ChatGPT：

在这个舒缓而愉悦的夏日傍晚，温柔的海风轻轻吹拂，带来了一丝不同于白日的凉爽。这风似乎从遥远的海面上，经过无数波浪的轻拂，带着海洋的味道和自由的气息，抵达了这个繁忙的小镇。海边的便利店，用它独有的方式迎接着这个特别的夜晚。店外挂着串串彩灯，闪烁着柔和的光芒，从温暖的橙色到宁静的蓝色，仿佛是夜空中最初的星光的映照。店铺的门口摆放着几个用旧渔网装饰的大花盆，里面种着一些耐盐碱的植物，给这个小小的空间增添了几分生机和野性。

随着夜幕的降临，天边渐渐升起了绚烂的烟火。它们爆发出耀眼的光芒，有的像是璀璨的花朵，颜色从红转紫，绽放在夜空中；有的像是流星划过，留下了一串长长的金色尾巴；还有的像是轻柔的低语，以淡淡的绿色慢慢在空中散开。这些烟火如同夏日夜空下的诗，每一次绽放都讲述着一个关于夏天的故事，引起了每一个人内心的共鸣。

海边的便利店成了这个夜晚小小的聚集地。人们在微弱但温暖的灯光下，脸上洋溢着舒心的微笑。他们或静静地站在店前，享受着这份宁静，仿佛所有的烦恼和忙碌都随着海风远去，或轻松地选购着冰凉的饮品和零食，准备在这个美妙的夏日夜晚继续编织他们的故事。孩子们的笑声和海浪的声音交织在一起，成为这个夏夜最动听的旋律。

（略）

**步骤 04** 添加写作技巧。如果对散文的具体写作技巧有特别的要求，比如使用比喻、拟人等修辞手法，也可以在指令中明确提出，这将帮助 ChatGPT 更准确地捕捉到用户的创作意图。

在对话框中输入：**请用拟人的修辞手法对下列句子进行修饰：夏日的海风，带着咸咸的海水味和远方花草的香气，在这个夜晚显得格外清新和提神。**

⬡ ChatGPT：

夏日的海风，像一位悠闲的旅者，穿梭于繁忙的世界，她轻轻地、温柔地抚摸着每一寸疲惫的土地。她的衣摆充满了海的味道，盐分和波涛的回忆，以及远方花草的甜美低语，将这个夜晚包裹在一层清新而提神的氛围中。她轻盈地跳舞，每一步都释放着夜的凉爽，唤醒了沉睡的心灵，给予了疲惫的灵魂一丝慰藉。

┏━ **锦囊妙计** ▫━

有时候，ChatGPT 加入写作技巧进行修饰之后的文本字数会过多，因此大家可以在一开始输入指令时就对生成的字数进行一定的限制，或者在生成文字后自行对文本进行调整。

**步骤 05** 进行风格改写。ChatGPT 可以根据某位散文作家的风格对文章进行改写，在需要的前提下，还可以通过这一步来学习名家的创作与表达方式，帮助自己更好地精进写作水平。

AI办公助手：ChatGPT+Office智能办公从入门到实践（80集视频课）

在对话框中输入：请模仿余光中先生的风格对上述文章进行改写。

**ChatGPT：**

夏夜，海风带着些许慵懒而又自由的气息，从远方渡海而来，轻轻拂过这座小城的每一个角落。在这温暖的夜晚中，它似乎细细地讲述着远方的故事，带着海水的咸涩与远方草地上花朵淡淡的香气，这两种味道在空中轻轻交织，如同老友间的悠长谈话，让人感到一种特别的清新与振奋。

那家位于海边的便利店，仿佛成了夜晚故事的聚集地。它外头挂着的彩灯，像是夜空中最早亮起的星辰，散发着柔和而温馨的光芒。门前，用旧渔网改造的花盆里，那些顽强生长的植物，静静地守护着这片海的记忆，让每一个路过的人，都能感受到一份来自大海的情怀。

而当夜幕深深降临，天际的烟火缓缓绽放，像是夏夜的繁星，又似诗人笔下流转的情感，那么绚烂，那么深情。它们在黑暗中闪耀，照亮了整个夜空，也照进了人们的心里。每一朵烟火的光芒，都承载着一份对夏日美好时光的追忆和向往。

此时，站在便利店前的人们，有的静静地沉浸在这份美好之中，有的则是带着孩童般的好奇，轻声交谈着。孩子们在沙滩上追逐玩耍的身影，与海浪轻拍岸边的声音，还有那阵阵夜风中夹杂的各种香气，共同编织成一幅夏夜的画卷，让人在热闹与宁静之间，品味着生活的诗意与幽深。

**锦囊妙计**

如果不清楚有哪些知名的散文作家，大家可以向 ChatGPT 进行询问，让它列出知名的散文家并对他们的作品和写作风格进行介绍。

**步骤 06** 迭代与优化。在按上述步骤完成初稿后，可以继续阅读并提出想要修改的地方，比如，可以要求调整文中的某些表达、加深某些情感描述或更改故事的某些方面。通过不断重复前面的步骤可以提升文章质量，经过几轮迭代之后，便可以逐步创作出心目中的散文。

## 2.3.2 使用 ChatGPT 完成诗歌创作

诗歌是一种高度精练和表达力强的文学形式，通常使用韵律、节奏和意象来表达情感和思考。ChatGPT 既能帮助创作新手快速提高诗歌创作能力，写出有质量的诗歌，又能为经验丰富的诗人提供灵感和帮助。

**1. 思维导图**

确定主题和风格 ⟶ 确定情感基调 ⟶ 生成诗歌 ⟶ 优化与润色

**2. 操作步骤**

作为提升创作技巧和探索文学领域的辅助工具，ChatGPT 能够帮助用户创作出反映不同文化背景及具有不同时代特征的诗歌，且让这些作品在保持诗意的同时富有深度与多样性。

**步骤 01** 确定主题和风格。明确的主题是创作诗歌的基础，它将直接影响诗歌的深度、内聚力和表达效果，而风格则直接影响诗歌的表达效果和艺术魅力，创作者可以让 ChatGPT

提供可供参考的主题和风格意向。

在对话框中输入：**你是一名卓越的现代诗人，现在我想写一首现代诗，请提供一些关于主题和风格的建议。**

**ChatGPT：**

作为一名现代诗人，探索与创新是诗歌创作的核心。以下是一些建议，旨在激发你的创意，帮助你找到适合自己的主题和风格。

**主题建议**

**1.时间的流逝与回忆**：探讨时间对个人经历的影响，以及回忆塑造自我的作用。

**2.自然与人类的关系**：反思人与自然的联系，以及现代生活中这种关系的变化。

**3.爱与关系的多样性**：表达爱情、友情和家庭关系中的深刻情感，以及这些关系在现代社会中的复杂性。

（略）

**风格建议**

**1.自由诗**：打破传统诗歌的形式限制，采用自由流畅的形式来表达思想和情感。

**2.象征与隐喻**：广泛使用象征和隐喻来增加诗歌的深度和多义性，使读者能够从多个角度解读诗歌。

**3.断裂与碎片化**：通过断裂的叙述和碎片化的图像来反映现代生活的复杂性和非线性。

（略）

在选择主题和风格时，最重要的是找到与你自己的经历、情感和思考最为契合的点。现代诗歌的美在于其开放性和多样性，鼓励你自由地探索和表达。

**步骤 02** 确定情感基调。情感基调确定了诗歌情感的色彩和方向，是诗歌传达情感和观点的基础，同时也是构建诗歌深度、美感及个性的关键。

在对话框中输入：**我决定以"友情"为主题创作一首现代诗，风格是自由诗的形式，请帮助我设立一个合适的情感基调，是治愈、温馨、欢乐，还是思念？**

**ChatGPT：**

针对"友情"这一主题，建议设立一个兼具治愈和思念的情感基调。在这个基调下，你的诗歌可以包含以下元素。

**1.温馨的回忆**：回顾与朋友共度的美好时光，那些日常生活中平凡而又特别的瞬间，如共同经历的冒险、对话及相互支持的时刻。

**2.治愈的力量**：描述在困难时刻，友情如何成为一剂治愈的良药，提供心灵的慰藉和勇气，帮助我们克服挑战。

**3.思念的情绪**：表达因时间的流逝和生活的变迁而与朋友产生物理距离时的思念之情。虽然不能常常相见，但内心的联系和情感却更加坚固。

**4.永恒的纽带**：强调即便在变化无常的世界里，真挚的友情如同恒星一般，永远璀璨，成为人生旅途中不变的力量源泉。

**步骤 03** 生成诗歌。在确定了诗歌主题、风格与情感基调以后，就可以让 ChatGPT 生

AI办公助手：ChatGPT+Office智能办公从入门到实践（80集视频课）

成诗歌了，如果需要添加修辞，可以在指令中传达这个需求。

> 在对话框中输入：**请为我生成一篇基于以上背景的关于友情的诗歌，并在其中添加比喻等修辞手法。**

---

**⑤ ChatGPT：**

在温柔的时光里，我们种下友情的种子，
它在春风中悄悄发芽，在夏日里勇敢地成长。
就像那不畏风雨的小船，在波涛中找到了彼此的港湾，
我们的笑声，在每一个黄昏和黎明里回荡。
曾经，我们一起跨过山丘，
像是岁月手中轻抚过的琴键，
弹奏出最真挚的旋律，疗愈每一个灵魂的角落。
现在，即使距离像是拉长的影子，
将我们的身形投射在不同的地平线，
思念却如同夜空中最亮的星，
照亮我们前行的路，温暖每一个孤独的夜。
我们的友情，就像那经历四季更迭的古树，
根深叶茂，无论春夏秋冬，永远繁盛。
让我们继续在生命的旅途中相依相伴，
就像远航的帆船，虽然不能总在同一片海域，
但有一束光，总会在最黑暗的时刻引领我们回家，
那是友情的灯塔，永远照亮我们归途的方向。

---

**步骤 04** 优化与润色。在 ChatGPT 生成诗歌的初稿之后，创作者可以通过反复阅读以检验是否有需要调整和优化的地方，也可以让 ChatGPT 继续对其进行审阅、修正和润色，反复迭代，直至"打磨"出质量较高的诗歌作品。

> **┏ 锦囊妙计 ┓**
>
> 除了现代诗，也可以使用 ChatGPT 进行古诗的创作，在传达需求和指令时，创作者可以注明古诗的字数（如四言诗、五言诗等）与题材（如边塞诗、田园诗等）。

## 2.3.3 使用 ChatGPT 完成小说创作

小说的创作往往需要作者具备一定的文学素养、写作技巧及想象力，同时还需要不断地对小说进行修改与完善。ChatGPT 可以成为用户创作小说的强大助手，无论是在给予灵感、生成大纲与内容方面，还是在润色与优化等方面都能提供有力的支持。

**1. 思维导图**

确定主题和类型 ➔ 设定小说大纲 ➔ 创建主要角色 ➔ 创作小说内容 ➔ 优化与润色

AI办公助手：ChatGPT+Office智能办公从入门到实践（80集视频课）

**2. 操作步骤**

有了 ChatGPT 的帮助，用户可以汲取更多的写作灵感，探索新的故事线或者人物设定，同时，ChatGPT 还能辅助用户查找资料、研究背景信息、提供评估与反馈、改进创作内容等，让用户撰写出更具创造性和吸引力的故事。

**步骤 01** 确定主题和类型。在创作小说时，独特且有内涵的主题更容易让小说脱颖而出。其主题决定了小说的深度，使其触及更普遍的真理和人类经验，从而与读者产生共鸣；而确定小说的类型则可以让 ChatGPT 给出更符合用户需求的主题。

在对话框中输入：**我是一名小说家，需要创作一篇奇幻短篇小说，请为我的小说提供一些主题上的灵感。**

> **ChatGPT：**
>
> 我们可以考虑以下几个创意主题。
>
> **1. 失落的知识之城：** 在遥远的未知大陆，隐藏着一个古老的城市，传说中这里藏有古代智慧和禁忌的知识。一位勇敢的探险家踏上了寻找这座城市的旅程，其间不仅要面对自然的严酷考验，还有其他寻宝者的竞争和城市守护者的考验。
>
> **2. 时间的囚徒：** 在一个古老的世界，时间被一个强大的魔法师控制。人们被分成两个阶级：一部分人享受着几乎无限的生命，而另一部分人则生活在被加速的时间中，他们的一生只有短短几天。一个年轻的英雄决定挑战它，寻找解放所有人的方法。
>
> **3. 灵魂交换：** 在一个神秘的世界，有一种能力可以让人们交换灵魂，体验别人的生活。两个来自截然不同世界的人偶然交换了灵魂，他们必须找到彼此并解决一系列谜题，才能回到自己的身体。在这个过程中，他们不仅对彼此的生活有了深刻的理解，也揭露了一个更大的阴谋。
>
> （略）

**锦囊妙计**

在不确定小说类型时，可以询问 ChatGPT 关于各种小说类型的区别，然后根据受众或自己的创作喜好来选择自己想要撰写的小说类型，如奇幻、文学、悬疑、浪漫等。

**步骤 02** 设定小说大纲。设定小说大纲可以为写作提供方向，防止故事偏离主题或陷入无关紧要的细节，同时也有助于确保整个小说的逻辑性，使故事更加流畅、合理。

在对话框中输入：**我决定以"时间的囚徒"这个主题创作一部小说，请为这部小说设定一个大纲。**

> **ChatGPT：**
>
> **引言**
>
> - 介绍这个古老世界的基本情况，时间被一位强大的魔法师控制，导致社会被划分为两个截然不同的阶级。一部分人享有几乎无限的生命，生活奢华、安逸；而另一部分人则生活在被加速的时间中，他们的一生仅有短短几天。

起始阶段

● 描述主角（年轻英雄）的生活环境和背景，他/她出生在生活时间被加速的阶级中。

● 展示主角对现状的不满和觉醒，以及决定寻找改变现状的决心。

发展阶段

1. 寻找同盟

● 主角开始寻找志同道合的人，包括曾经的贵族，他们因为各种原因对现状感到不满。

● 揭示一些贵族实际上也不满魔法师的统治，因为它限制了人性和自由。

2. 获取知识

● 主角和同伴们寻找古老的知识和秘密，学习如何对抗强大的魔法师。

● 揭示魔法师控制时间的秘密及可能的弱点。

3. 挑战与困难

● 他们的计划遭到魔法师忠实追随者的阻挠。

● 描述几次失败的尝试，以及主角和同盟之间的冲突和疑虑。

4. 高潮

● 揭示主角团队最终发现魔法师控制时间的核心——一个古老的魔法物品。

● 主角和魔法师之间的最终对决，不仅是力量的较量，更是意志和信念的较量。

5. 结局

● 主角成功摧毁或解除了控制时间的魔法，恢复了时间的自然流动。

● 描述这一变化对世界的影响，包括之前被剥夺时间的人如何开始适应新的生活节奏。

● 主角对新世界的反思，以及对未来的希望和梦想。

6. 尾声

● 留下一些开放的问题和思考，例如，人们是否会从过去的错误中学习，以及时间的真正价值是什么。

┌─ 锦囊妙计 ┐

大纲提供了故事的基本骨架，用户也可以根据自己的创意和想法进一步发展和填充细节。

步骤 03 创建主要角色。小说的角色是推动故事发展、与读者产生情感连接的关键，好的角色可以给小说带来生命力，而多维的角色也可以探索人性的多面性，使故事层次更加丰富和复杂。

在对话框中输入：**请为我的小说创建主要角色，描述其身份信息、外貌和性格特征。**

◎ ChatGPT:

为了您的短篇小说《时间的囚徒》，我想象了以下主要角色。

1. 伊兰·赛尔——年轻的英雄

● **身份信息**：伊兰出生在被加速时间的阶级，目睹了亲人们如流星般短暂而迅速的生命。他是个拥有罕见智慧和勇气的年轻人，决定改变这一切。

● **外貌**：伊兰拥有锐利的眼神和一头乱蓬蓬的黑发，他面带早熟的严肃，体形瘦削但肌肉紧实，显示出他在恶劣环境下的适应能力。

- **性格特征**：伊兰是个意志坚定的人，他的同情心驱使他寻找解放所有人的方法。虽然经历了短暂而艰难的生活，但他的心中充满了希望。

2. 米尔娜·维斯——伊兰的同伴

- **身份信息**：米尔娜是享受几乎无限生命的阶级中的一个异类，她对时间的不公感到愤怒，决定帮助伊兰。
- **外貌**：米尔娜拥有一头波浪般的金色卷发和明亮的蓝眼睛，她美丽的外表下藏着一颗勇敢和叛逆的心。
- **性格特征**：她聪明、坚韧，不怕冒险，同时也深具同情心。米尔娜在贵族生活中感到窒息，渴望真正的自由和平等。

3. 赞塔·莫瑞克——强大的魔法师

- **身份信息**：赞塔是控制时间的强大魔法师，也是造成这个世界分裂的直接原因。他深信自己的统治带来了秩序和稳定，将任何挑战视为对自己权力的威胁。
- **外貌**：赞塔身穿长袍，眼中闪烁着狡黠和权力的光芒。他气场强大，令人难以直视。
- **性格特征**：赞塔既聪明又残忍，具有极高的自我意识和权力欲。他认为自己的行为是为了更大的利益，从不顾个人的牺牲。

（略）

---

**锦囊妙计**

用户可以以同样的方式创建一些次要角色，以丰富和推动故事情节。

---

**步骤 04** 创作小说内容。在确定了大纲和角色之后，让 ChatGPT 根据上述信息开始创作具体的小说内容，可以让它围绕其中某个情节来展开描写。

在对话框中输入：**请在上述设定的基础上，围绕"主角团队最终发现魔法师控制时间的核心——一个古老的魔法物品"这部分纲要进行细致的描写和刻画，要求情节冲突，语言生动、自然，故事扣人心弦，字数在 300 字左右。**

**ChatGPT：**

在古老魔法的阴影下，伊兰和米尔娜穿行于被遗忘的地下密室，寻找着控制时间之力的来源。随着他们的深入，一股寒意升起，不仅因为地底的阴冷，更因为赞塔魔法的压迫。终于，在一间由古代魔法封印的房间中，他们发现了那件传说中的魔法物品——时间之心，一个囚禁着世界时间的古老宝石。

正当伊兰伸手欲触碰它，释放被束缚的时间时，赞塔的影子如幽灵般出现，他的声音充满了威胁与冷漠，回荡在密闭。

"你以为你能够掌控时间的力量吗？愚蠢！"他嘲讽着伊兰。

一场力量的较量即将展开，伊兰和米尔娜知道，站在他们面前的不仅是改变命运的机会，也是一次生死挑战。他们的目光交汇，彼此之间无须言语，就能感受到对方的坚定信念和决心。在这一刻，时间仿佛凝固，未来的命运悬于一线，他们知道，这不仅是为了自己，更是为了所有人的自由与未来。

用户可以参考此步骤创作出小说的开头、主要故事情节及结尾等，同时还可以把自己创作过程中产生的新想法融入其中。

**步骤 05** 优化与润色。让 ChatGPT 对已经创作出来的故事情节进行润色，包括语言的精练与修饰、情节连贯性的强化、角色性格特征的刻画等，从而提升作品质量，打磨出更具吸引力和深度的故事。

**在对话框中输入：对上述段落进行优化和润色，可以补充更多的角色对话与互动，对长句进行精练。**

### 🟢 ChatGPT：

伊兰和米尔娜在古老魔法的阴影下穿过阴暗的地下密室，他们的每一步都伴随着紧张的心跳声和远处的回音。

寒气透骨，不仅是因为地下室的冷，更是因为他们感受到了赞塔冰冷的魔法。

终于，在一间由古代魔法封印的房间中，他们发现了那件传说中的魔法物品——时间之心，一个囚禁着世界时间的古老宝石。

伊兰伸出手，刚欲触碰它，就被突如其来的声音打断："你真以为你能掌握时间的力量吗？愚蠢至极。"赞塔如鬼魅般现身，声音中充满轻蔑。

伊兰回应道："时间不应该是你一个人的玩物。我们在这里，就是要结束这不公。"

米尔娜紧握伊兰的手，她的眼神坚定："我们一起来的，无论结局如何，我们都将一起面对。"

空气中弥漫着魔法能量的火花，两方的对峙几乎让时间停滞，只有赞塔的笑声和伊兰的话语在密室中回荡。

这一刻，他们知道，这场对决超越了个人的命运，关乎整个世界的未来。

用户还可以在这一步对小说的语法、拼写等进行校对和修正，对文章的段落结构等进行调整，以带给读者更好的阅读体验。

## 2.3.4 使用 ChatGPT 构思绘本故事

儿童绘本是以图画为主要表现形式，辅以简短的文字叙述的儿童文学作品，它是故事构思、文字创作和视觉艺术的结合，需要作者具备多方面的能力和素质。ChatGPT 可以帮助用户构思绘本的故事情节，让用户高效地创作出能打动读者心灵的好故事。

**1. 思维导图**

进行头脑风暴 ➔ 调整角色与对话 ➔ 生成绘本故事

## 2. 操作步骤

ChatGPT 作为强大的智能辅助工具，可以以多种方式来帮助用户进行绘本故事的创作，不管是和它直接进行对话交流，还是让它自己模拟角色扮演，它都能给用户提供许多灵感上的支持。

**步骤 01** 进行头脑风暴。让 ChatGPT 进行角色扮演，以头脑风暴的形式讨论绘本故事的大概情节，在这个过程中，用户可以学习如何进行思维碰撞。

在对话框中输入：**你将扮演儿童图书编辑 A 和绘本作者 B，现在你们要创作一个新的绘本故事，请模拟 A 和 B 进行头脑风暴的过程，字数在 500 字左右。**

> **ⓢ ChatGPT：**
>
> **编辑 A：** 嗨，我认为我们应该创作一个关于勇气和友谊的故事。这样的主题对儿童来说非常重要，可以在轻松愉快的阅读中给他们带来正面的影响。
>
> **作者 B：** 同意！我想到了一个设定。一片神奇的森林，里面住着各种动物。我们的主角可以是一只小兔子，它因为胆小而被其他动物忽视，但它内心渴望证明自己。
>
> **编辑 A：** 好主意！这只小兔子可以遇到一个需要勇气的挑战，比如救出被困的朋友。这样既能展现出它的勇气，又能强调友谊的重要性。
>
> **作者 B：** 对！它的朋友可以是一只小鸟，不小心落入了猎人设下的陷阱。虽然小兔子很害怕，但它决定面对自己的恐惧，去救出小鸟。
>
> **编辑 A：** 我们还可以加入一段关于小兔子克服路途中的困难的描述。比如它需要过河、爬山，甚至智斗狡猾的狐狸。
>
> **作者 B：** 是的，每一次挑战都让小兔子更加坚强。我们可以让小兔子在旅途中学到一些重要的生活技能，比如建造桥梁、寻找食物等。
>
> **编辑 A：** 我喜欢这个方向。在小兔子成功救出小鸟后，我们应该强调它们之间的友情和小兔子内心的变化，如何从一个胆小的动物成长为森林里的英雄。
>
> **作者 B：** 完美。故事结尾，我们可以让所有动物庆祝小鸟成功获救，对小兔子的勇气表示敬佩，甚至以前忽视它的动物也来向它表达敬意。
>
> **编辑 A：** 对，这样的结局既温馨又鼓舞人心。让我们开始动笔，把这个故事变成现实吧！

**步骤 02** 调整角色与对话。在绘本故事里，有记忆点的角色和生动的对话更能够引起读者的兴趣，此时可以让 ChatGPT 继续上述讨论，补充故事里的角色信息，增加对话与互动情节。

在对话框中输入：**请继续以编辑 A 和作者 B 的身份进行创作探讨，补充故事里的角色背景、性格特征和动机，并生成自然流畅的对话，增强故事的互动性和娱乐性。**

> **ⓢ ChatGPT：**
>
> **编辑 A：** 我觉得我们需要给小兔子起一个名字，这样可以让读者更容易与它建立情感联系。我们可以叫它"蒂姆"。关于蒂姆的性格，我认为它应该是非常善良和有同情心的，但同时也非常谨慎，这让它在冒险之前总是犹豫不决。

作者 B：对，蒂姆胆小不仅是它的弱点，也是让它成长的动力。关于小鸟，我们给它取名"菲菲"，它应该是一个非常乐观和活泼的角色，总是鼓励蒂姆克服恐惧。

编辑 A：我喜欢这个设定。菲菲的乐观可以成为蒂姆成长旅程中的一个重要因素。我们可以在故事中加入一些对话，展现它们之间的友谊和互动。

作者 B：好主意。比如，在蒂姆开始救援任务之前，菲菲可以说："蒂姆，你是最勇敢的兔子，我知道你能做到！"这样的鼓励让蒂姆感到勇气倍增。

编辑 A：是的，而在面对狡猾的狐狸时，蒂姆可能会紧张地说："我……我不知道我是否能过去。"菲菲则可以用它的机智来帮助蒂姆找到解决的方法："只要我们一起思考，就没有过不去的山！"

作者 B：在故事的高潮部分，当蒂姆成功救出菲菲时，菲菲可以激动地说："蒂姆，你真的做到了！你是我的英雄！"这样的互动不仅强化了它们的友情，也展现了蒂姆内心的转变。

编辑 A：对，我们还可以在故事末尾加入森林中其他动物的对话，它们对蒂姆的称赞将是对它勇气的认可："蒂姆，你救了菲菲，也让我们知道了勇气的可贵。"

作者 B：最后，蒂姆可以谦虚地回应："我只是做了我认为正确的事，谢谢你们的认可，我已经不再是那个胆小的兔子了。"这样的结局既温馨又有启发性，向小读者传达了勇气、友谊和自我成长的重要性。

编辑 A：完美。这样的对话和互动让故事更加生动和有趣。我们已经有了一个很棒的故事框架，现在只需要将它细化，就可以变成一个令人难忘的绘本故事了。

**步骤 03** 生成绘本故事。在完成了对故事大致情节的构思，以及角色和对话的设定之后，就可以让 ChatGPT 在此基础上生成完整的绘本故事了。

在对话框中输入：请按上述讨论内容写出这个完整的绘本故事，字数在 300 字左右。

ChatGPT：

在遥远的森林里，住着一只胆小的小兔子蒂姆和它的好朋友——一只乐观的小鸟菲菲。一天，菲菲不小心落入了猎人的陷阱。尽管害怕，但蒂姆仍决定去救她。

在出发前，它想起了菲菲鼓励它的话："蒂姆，你是最勇敢的兔子，我知道你能做到！"

面对途中的困难，蒂姆紧张地说："我……我不知道我是否能过去。"

这时，菲菲的声音传来："只要我们一起思考，就没有过不去的山！"

经历了重重挑战，蒂姆终于找到了菲菲，并用自己的智慧和勇气解救了她。

菲菲激动地说："蒂姆，你真的做到了！你是我的英雄！"

森林里的其他动物都跑来参加庆祝会，赞扬蒂姆的勇气："蒂姆，你救了菲菲，也让我们知道了勇气的可贵。"

蒂姆谦虚地回应："我只是做了我认为正确的事，谢谢你们的认可，我已经不再是那个胆小的兔子了。"

蒂姆的壮举不仅让朋友获得了自由，也获得了自我成长，并赢得了森林中每个生灵的尊敬。

┏━ 锦囊妙计 ┓

大多数绘本往往针对特定的读者群体（通常是儿童），在生成完整的故事之后，大家可以继续让 ChatGPT 帮助简化语言，使之易于理解，同时也需要继续保持故事的趣味性和吸引力。

## 2.3.5　使用 ChatGPT 进行剧本创作

剧本作为一种特殊的文学形式，既是拍摄影片的基础，又是影视创作的核心。ChatGPT 具备优秀的剧本创作能力，能为剧本创作者提供新颖的创意和启发，加快剧本的创作速度，帮助创作团队克服创作障碍。

**1. 思维导图**

确定主题和题材 ➡️ 设定场景和角色 ➡️ 设计故事剧情 ➡️ 生成剧本

**2. 操作步骤**

在了解了剧本基本结构的前提下，ChatGPT 可以帮用户优化原有思路或者提供新的创意，同时能够适应不同的写作风格和题材，为用户快速改编或输出高质量的剧本。

**步骤 01** 确定主题和题材。明确的主题和题材可以为剧本的创作提供方向，也更容易吸引目标观众群体，同时清晰的主题和题材也有助于 ChatGPT 根据用户的创作意图生成剧本内容。

在对话框中输入：**你是一名影视编剧，现在需要创作一部剧本大纲，请列出几个具有吸引力的主题和题材。**

🅢 **ChatGPT：**

以下是几个具有吸引力的主题和题材组合，可以为你的剧本提供灵感。

**1. 主题：重获自由**

题材：科幻逃亡

大纲简述：在一个被高度控制的未来世界中，一个普通人因为被错判而被迫逃亡。他在逃亡过程中揭露了一个关于社会控制和人类自由的巨大阴谋，同时也发现了自我救赎的途径。

**2. 主题：追寻真相**

题材：悬疑侦探

大纲简述：一位年轻侦探追踪一系列错综复杂的案件，这些案件背后隐藏着一个更大的秘密。在揭开谜团的过程中，侦探不仅挑战了自己的智慧和勇气，也面临着道德和正义的考验。

**3. 主题：个人成长**

题材：青春冒险

大纲简述：一群青少年为了追寻传说中的宝藏，踏上了一次冒险之旅。在旅途中，他们不仅要面对自然的考验，还要克服内心的恐惧和矛盾。这是一个关于勇气、友谊和个人成长的故事。

（略）

**步骤 02** 设定场景和角色。选择好主题和题材之后，便可以开始设定具体的场景与角色信息，作为后续展开剧情的关键点。

在对话框中输入：**我决定以"个人成长"为主题创作一部青春冒险电影，请为它的其中一幕设定具体的场景和角色信息。**

**⑤ ChatGPT：**

**电影标题：**《勇敢的心》

**场景：**一座被遗忘的古城遗址，隐藏在茂密的丛林深处。夕阳的余晖洒在古老的石壁上，给这个神秘的地方增添了一抹神奇的色彩。

**时间：**某个夏季的傍晚

**情境：**主角和他的朋友们经过一天的跋涉，终于找到了这座传说中的古城。他们相信古城的深处藏有能指引他们成长的秘密。

**角色：**主角和他的朋友们等。

**主角：**杰克，17岁，一个充满好奇心和冒险精神的少年。尽管平时显得有些腼腆，但他内心却渴望证明自己的勇气和能力。

**朋友1：**莉莉，16岁，和杰克青梅竹马，一个聪明、勇敢的女孩。她对解开古城之谜充满了热情。

（略）

**步骤 03** 设计故事剧情。在设计剧情时，可以适当加入情节冲突，让整个剧本更有吸引力，也让观众对故事的走向充满期待。

在对话框中输入：**请按上述主题、场景和角色信息设计一段剧情，要求有情节冲突，字数在300字左右。**

**⑤ ChatGPT：**

随着古城大门的缓缓开启，杰克、莉莉和阿历克斯迈入了一片未知的领域。他们的心中充满了激动和期待，但很快这份激动就被紧张所取代。他们发现自己站在一个四面环水的庭院中央，每条通道似乎都通往不同的神秘地点。

在探索了几个小时后，他们意识到自己迷失了方向。太阳已经完全下山，月光透过古城的残垣断壁，投下斑驳的光影。突然，一阵微弱的声音从其中一个通道传来，吸引了他们的注意。

（略）

**步骤 04** 生成剧本。剧本通常有专业的格式，因此用户可以让 ChatGPT 根据上述信息重新生成带有格式的剧本大纲，然后不断进行迭代和润色，直至符合要求。

在对话框中输入：**请以上述内容为基础，严格按照剧本的格式创作一段剧本大纲。**

## ⑤ ChatGPT：

**[场景：古城遗址 —— 夕阳西下，古城废墟中央]**

（杰克、莉莉和阿历克斯站在古城大门前，太阳已经完全下山，月光透过古城的残垣断壁，投下斑驳的光影。）

杰克：看来，我们终于找到了，但是看起来想要进去并不容易。

莉莉：我们已经来到这里了，无论如何都要进去看看。谁知道里面会有什么惊喜呢？

阿历克斯：（仔细观察门上的象形文字）我认为这些符号可能是一种指引，告诉我们如何进入古城。给我点时间，我可以破解它。

（他们开始清理门前的荆棘，阿历克斯解读着古老的文字，尝试找到开启古城大门的方法。）

（略）

**[切换场景：古城内部 —— 庭院]**

（他们来到了一个四面环水的庭院中央，每条通道似乎都通往不同的神秘地点。）

阿历克斯：我们迷路了，我们要怎么办？

（突然，一个微弱的声音传来，吸引了他们的注意。他们跟随声音，发现了被困的小狐狸。）

（略）

**[切换场景：古城深处 —— 中心大厅]**

（他们进入了古城的中心大厅，一个巨大的石像屹立在中央，脚下似乎有一个隐藏的宝箱。他们对着宝箱，期待着古城的秘密即将揭晓。）

（画面淡出，片尾字幕渐渐浮现。）

---

**锦囊妙计**

在完成剧本大纲的创作之后，可以继续让ChatGPT帮助填充和打磨剧本细节。

## 2.3.6 使用ChatGPT创作综艺节目

一档好的综艺节目往往需要独特的创意与策划，同时需要保持节目的连贯性和节奏感，以吸引观众的眼球。ChatGPT可以助力用户进行综艺节目的创作，帮助用户突破思维定式，打造有观赏性和吸引力的节目。

**1. 思维导图**

确定主题与受众 ➡️ 编写台词与脚本 ➡️ 设计创意环节

**2. 操作步骤**

ChatGPT可以帮助用户生成节目草案、收集节目资料、编写台词脚本、策划节目创意环节等，在降低创意开发成本的前提下打造出各种文化、主题与风格的综艺节目。

**步骤 01** 确定主题与受众。主题是节目的核心，而确定受众则可以准确定位观众需求，ChatGPT可以帮助用户根据受众找准节目定位和风格，提供多种节目的构想和主题。

在对话框中输入：我是一名综艺节目编辑，需要创作一档以舞蹈竞技为主题的综艺节目，受众是各年龄段喜爱舞蹈和想要学习舞蹈的观众，我需要你在此基础上帮我进行创作。

### ⑤ ChatGPT：

基于你提供的信息，我们可以共同探索一些具体的创意和元素，以设计出一档既吸引舞蹈爱好者又能满足不同年龄段观众需求的舞蹈竞技综艺节目。以下是一些创意点和建议。

**节目名称建议**

舞动星空、梦想舞台、舞蹈风云、跨时代舞王

**节目结构和环节设计**

**1. 选拔赛阶段：** 通过线上线下在全国各地选拔，寻找具有潜力的舞者和舞蹈团队，可以设定不同的舞蹈类别，如街舞、民族舞、现代舞等，以吸引更广泛的参与者和观众。

**2. 培训营：** 入选的舞者将进入为期几周的舞蹈培训营，由知名舞蹈家或舞蹈明星担任导师，提供专业培训。这个环节可以加入舞蹈技巧讲解、舞蹈历史介绍等教育内容，满足想要学习舞蹈的观众的需求。

**3. 竞赛环节：** 参赛者需要通过一系列的挑战和表演来展示自己的舞蹈才华，如主题创意舞、即兴舞蹈对决、团队合作任务等。由评委和观众投票决定是否晋级和淘汰。

（略）

**互动和社交媒体融合**

- 在每期节目后，通过社交媒体进行舞蹈挑战，鼓励观众上传自己的舞蹈视频，选出优秀作品在节目中展示。
- 设立节目官方 App 或小程序，提供舞蹈教学视频、参赛者日常训练的幕后花絮、互动投票等功能。

**针对不同年龄段观众的考虑**

- 对于年轻的观众，可以增加更多时下流行的舞蹈元素和音乐，以及使用社交媒体互动。
- 对于中老年观众，可以加入更多具有传统文化元素的舞蹈内容，让他们看到舞蹈的多样性和深度。

---

**锦囊妙计**

通常当用户给出确定的主题和受众之后，ChatGPT 就会给用户一个初步的节目框架和建议，用户可以根据实际情况和资源对其进行进一步细化和调整。

---

**步骤 02** 编写台词与脚本。ChatGPT 能够生成自然流畅的文本，因此借助它来编写综艺节目的台词、脚本等可以大大减少编剧的工作量。

**在对话框中输入：** 请按上述内容编写一份节目脚本，包括主持人串词、嘉宾的采访问题等。

### ⑤ ChatGPT：

基于上述内容，我将为你设计一份简化版的节目脚本，假设这是节目的第一集，主要目的是介绍节目、选拔参赛者，并进行第一轮的竞演。

**节目名称：**《舞动星空》

**场景设置：** 舞台中央是一块巨大的 LED 屏幕，显示着《舞动星空》的 LOGO。舞台两

侧分别是评委席和等待区，观众席则坐满了期待的观众。

[ 开场音乐 ]

**主持人（李明）：** [ 走上舞台，手持麦克风 ] 大家好，欢迎收看全国首档跨年龄段的舞蹈竞技综艺节目《舞动星空》！我是你们的主持人，李明。（略）

[ 转场音乐 ]

**李明：** 在我们正式开始之前，让我们先来了解一下，坐镇今晚评委席的三位顶尖舞蹈大师和特邀嘉宾。他们分别是——

[ 介绍评委和特邀嘉宾 ]

[ 采访环节 ]

**李明：** [ 转向评委 ] 第一位评委，张老师，您对今天的参赛者有什么期待吗？

**评委张老师：** 我非常期待看到参赛者们的原创能力和创新能力。舞蹈不仅仅是技巧的展现，更是情感和故事的传递。我希望能看到他们如何通过舞蹈来表达自己的与众不同。

**李明：** [ 转向特邀嘉宾 ] 接下来问我们的特邀嘉宾杨明星，作为一位流行歌手，您如何看待音乐与舞蹈之间的关系？

**特邀嘉宾杨明星：** 对我而言，音乐和舞蹈就像是不可分割的伴侣。好的舞蹈能够赋予音乐更深的情感和故事，同时音乐也为舞蹈赋予了灵魂。我期待今天的选手们能展示他们如何让舞蹈与音乐完美地融合。

[ 转场音乐 ]

**李明：** 谢谢两位。好的，让我们不再等待，马上开始今晚的《舞动星空》选拔赛！首先登场的是来自北京的街舞团队——飞翔者！

[ 选手表演 ]

[ 表演结束，短暂的评委点评 ]

[ 节目进行，穿插采访、表演和点评 ]

[ 结束音乐 ]

**李明：** 经过一整晚激烈的竞争，我们今天选出了几位优秀的舞者，他们将进入《舞动星空》的舞蹈培训营，继续他们的舞蹈之旅。（略）

┏ **锦囊妙计** ┓

在实际制作节目脚本的草稿时可以根据节目定位、参与人员和具体情况做出相应的调整和优化。

**步骤 03** 设计创意环节。富有趣味或创意的看点往往是综艺节目的点睛之笔，用户可以让ChatGPT在上述草案和脚本的基础上增加创意性的看点和环节，提升节目的趣味性和观看价值。

**在对话框中输入：** 请按上述内容编写一份节目脚本，包括主持人串词、嘉宾的采访问题等。

🔹 **ChatGPT：**

为了增加节目的创造性、趣味性和观赏性，我们可以在《舞动星空》中引入以下创新环节和互动体验。

**1. 舞蹈时间胶囊**

● **环节描述**：在节目初期，让每位参赛者录制一段个人舞蹈视频，这将作为他们的"舞

AI办公助手：ChatGPT+Office智能办公从入门到实践（80集视频课）

蹈时间胶囊"。在赛季后期，参赛者将重新创作或改编这段舞蹈，展示他们在节目中的成长和变化。
- 创意点：这个环节不仅展示了参赛者的技术进步，也可以让观众见证他们的情感旅程和实现自我的过程。

2. 导师角色互换
- 环节描述：在特定的比赛阶段，让导师们互换角色，面临挑战教授不擅长的舞蹈风格。例如，一个以现代舞著称的导师可能需要教授街舞。
- 创意点：这个环节不仅增加了节目的趣味性，还能展现导师们的多才多艺和学习过程，增加节目的观赏性和教育意义。

3. 跨界合作表演
- 环节描述：节目邀请来自不同领域的艺术家（如画家、音乐家、杂技演员等）与舞者合作，共同创作跨界艺术表演。
- 创意点：这种跨界合作能够激发新的创意火花，为观众呈现前所未有的表演艺术，同时也展示了舞蹈与其他艺术形式结合的无限可能性。

---

**锦囊妙计**

　　除了创作节目草案、脚本等，ChatGPT 还能帮助节目团队进行预算规划、辅助分析观众反馈并提出改进意见等，它可以成为用户打造综艺节目的可靠助手，让整个节目的创作流程更流畅和有效率。

---

## 2.3.7　使用 ChatGPT 生成新闻报道

　　新闻报道具有时效性的特点，报道方需要及时、迅速地将最新的信息传递给读者，以保证其新闻价值。ChatGPT 可以迅速生成清晰明了的新闻稿件，显著提高新闻机构的响应速度。

**1. 思维导图**

提供关键信息 ⟶ 搜索资料与汇总 ⟶ 辅助编辑与改写 ⟶ 审查和发布

**2. 操作步骤**

　　ChatGPT 可以根据得到的消息、资料和数据等快速生成标准化的新闻稿件，同时保证逻辑清晰、语言流畅，极大地提高记者与编辑的工作效率。

　　**步骤 01**　提供关键信息。对于需要迅速发布的新闻，新闻编辑可以将事件的时间、地点、人物和关键事实告诉 ChatGPT，让它根据提供的关键信息快速生成初稿。

---

　　在对话框中输入：**你是一名专业的新闻编辑，我会给你一些事件信息，请你阅读并记住这些信息，然后生成一条新闻初稿，字数在 200 字左右。**

---

🟢 **ChatGPT：**

当然，我准备好了。请告诉我事件的信息，我会帮你撰写一条新闻初稿。

在对话框中输入：北京时间今天（3月19日）凌晨4点，英伟达创始人在GTC 2024大会上发布演讲《见证AI的变革时刻》并宣称最强AI芯片即将问世。

### ⑤ ChatGPT：

北京时间3月19日凌晨4点，在GTC 2024大会上，英伟达创始人发表了题为《见证AI的变革时刻》的演讲，并宣布公司即将推出被誉为"最强AI芯片"的新产品。这个消息一经宣布就在技术界引起了广泛关注，预示着英伟达将在人工智能领域进一步巩固其领先地位。该AI芯片的问世被视为AI技术发展的一个重要里程碑，有望为包括自动驾驶、智能制造、医疗健康等多个领域带来革命性的变化。英伟达创始人在演讲中强调，这款AI芯片的性能将超越现有所有产品，为AI应用提供前所未有的计算能力和效率，开启人工智能技术新纪元。

#### ┏■锦囊妙计 ■┓

如果新闻编辑给出的关键信息更加具体，那么ChatGPT生成的新闻初稿也会更加准确和有深度。

**步骤 [02]** 搜索资料与汇总。ChatGPT可以协助新闻编辑快速汇总和提供新闻事件的背景信息、历史情况和相关数据，以更全面地理解和报道主题。

在对话框中输入：**请帮我整理一些与此新闻有关的背景信息、历史情况和相关数据。**

### ⑤ ChatGPT：

为了配合你提供的新闻事件，我将整理一些相关的背景信息、历史情况和数据，这些信息将有助于深化人们对英伟达及其最新AI芯片发布的理解。

**英伟达公司概况**

- **成立时间**：1993年，总部位于美国加利福尼亚州。
- **主要业务**：最初以图形处理器（GPU）为主要产品，随着时间的推移，英伟达逐渐将业务扩展到AI领域，成为AI计算技术的领军企业。

**英伟达在AI领域的发展**

- **AI技术转型**：英伟达利用其GPU的并行计算能力，成功转型为AI和深度学习领域的重要参与者。其GPU被广泛应用于AI模型训练和推理，特别是在深度学习、计算机视觉和自然语言处理等方面。
- **关键产品和技术**：英伟达推出了多款针对AI计算的专用GPU和相关技术平台，如Tesla系列、DGX系统、CUDA编程平台等，为研究人员和企业提供了强大的AI计算资源。

**最近几年的重要里程碑**

- **AI芯片的持续创新**：近年来，英伟达不断推出性能更强大的AI芯片，如Volta、Turing和Ampere系列，不断推动AI计算的极限。
- **参与重大AI项目和合作**：英伟达与多家科技巨头和研究机构合作，参与多个具有影响力的AI研究和开发项目，如自动驾驶、智能医疗、智慧城市等。

（略）

**步骤 03** 辅助编辑与改写。ChatGPT 可以对已生成的新闻稿件进行编辑和改写，包括语言润色、风格调整或内容简化，使文章更加符合目标受众的阅读偏好。

在对话框中输入：**请改写和润色上述新闻报道，使其更符合年轻观众的阅读偏好。**

**ChatGPT：**

在今天凌晨的 GTC 2024 大会上，英伟达创始人带来了一则轰动一时的消息，宣布"史上最强 AI 芯片"震撼问世。这不仅是技术的巨大飞跃，而且打开了 AI 新世界的大门，让我们一起来见证 AI 变革的时刻。

这款 AI 芯片被英伟达创始人描述为能够彻底改变游戏规则的黑科技，预计将为我们带来更智能的生活方式和更炫的科技体验。这不仅仅是技术的一次升级，更是人类前进的一大步。让我们拭目以待，看看英伟达如何用这款"史上最强 AI 芯片"引领我们进入一个全新的智能时代。

**步骤 04** 审查和发布。除了时效性，新闻稿件也应保证真实性和准确性，在发布任何新闻之前，新闻编辑都需要进行充分的信息核实，同时审查稿件也可以避免一些拼写和语法错误，提高稿件的质量。

在对话框中输入：**请审查以上生成的新闻报道并准备发布。**

**ChatGPT：**

在审查和准备发布新闻报道之前，重要的是确保报道内容的准确性、公正性和完整性。这里有一些关键步骤和注意事项，可以帮助你完成这一过程。

**核实事实**：确认报道中提及的事件、日期、时间，以及涉及的个人和组织等信息的准确性。对于英伟达在 GTC 2024 大会上的演讲和新 AI 芯片的宣布，需要从官方渠道获取确认。

**审查语言**：确保报道的语言客观、中立，避免使用可能引起误解或偏见的词汇。同时，根据目标受众（如年轻观众）调整语言风格，使其易于理解且引人入胜。

**检查版权**：如果报道中包含直接引用、图片、视频或其他媒体内容，确保已获得相应的使用权或遵循公平使用原则。

**评估影响**：考虑报道发布后可能对涉及的个人、公司、行业乃至公众的影响。确保报道公正且不会无端造成负面影响。

**最终审阅**：在发布前，最后进行一遍细致的校对，检查拼写、语法错误，确保报道流畅、无误。（略）

确保以上所有步骤都经过仔细处理后，你就可以准备好发布新闻报道了。这不仅能够确保内容的质量，也有助于建立和维护媒体机构的公信力。

## 2.3.8 使用 ChatGPT 撰写评论文章

评论文章是一种针对特定主题、事件、人物或观点进行深度分析和评价的文章形式，它需要为读者提供对某一主题或对象的深入理解，同时展示作者的观点和评价。作为强大的辅助工具，ChatGPT 可以帮用户撰写不同风格和题材的评论文章。

## 1. 思维导图

选择主题与类型 → 梳理文章结构 → 生成评论文章

## 2. 操作步骤

ChatGPT 可以在撰写评论文章的过程中提供多方面的帮助，包括主题拓展、结构建议、语言润色等，按用户的需求写出符合期望的评论文章。

**步骤 01** 选择主题与类型。确定文章的主题和类型有助于 ChatGPT 撰写出更符合需求的文章，同时 ChatGPT 还可以就文章的主题和类型给用户提供建议。

在对话框中输入：**请为我提供一些评论文章的类型和主题。**

**ChatGPT：**

1. 书评
- **新出版的小说：** 分析主题、角色发展和叙事风格。
- **传记书籍：** 评价对人物生平的呈现和历史准确性。
- **科普书籍：** 探讨科学原理的解释是否易于理解，以及书籍的启发性。

2. 电影和电视评论
- **最新电影：** 讨论电影的导演技巧、演员的演技、剧情和特效。
- **电视剧集：** 分析剧情的连贯性、角色发展和文化影响。
- **纪录片：** 评估信息的呈现方式和对现实事件的深度探讨。

3. 音乐评论
- **新专辑发布：** 评论音乐风格、歌词内容和整体创作质量。
- **现场音乐会：** 评价演出质量、观众反应和音乐会的组织。
- **音乐流派分析：** 探讨特定流派的历史、发展和代表性艺术家。

（略）

▎**锦囊妙计** ▯

在选择评论文章的主题时，可以选择自己感兴趣的领域或者当前公众关注度高的话题，这样更容易吸引读者的兴趣并引发讨论。

**步骤 02** 梳理文章结构。ChatGPT 可以帮助用户梳理和构建文章的结构体系，以便后续更好地进行创作。

在对话框中输入：**你是一名艺术评论家，我想撰写一篇关于莫奈《睡莲》的美术评论，请帮助我梳理文章结构。**

**ChatGPT：**

1. 引言
开始时简要介绍克洛德·莫奈（Claude Monet）和他的《睡莲》系列，强调这一系列作品在艺术史上的地位和对后世的影响。

### 2. 艺术家背景

深入探讨莫奈的生平，特别是他晚年创作《睡莲》时的生活环境，以及他对自然景观的热爱如何影响了他的创作。

### 3. 作品分析

- **视觉元素**：分析《睡莲》的色彩运用、光线处理和构图，讨论莫奈如何通过这些视觉元素捕捉水面和光影的瞬间变化。
- **技法和风格**：探讨莫奈的绘画技法，尤其是他如何使用色彩层次和笔触来创造水面和植物的动态感，以及这些技法对印象派和其他艺术流派的贡献。
- **主题和象征**：分析《睡莲》作品中的主题，如自然的美、时间的流逝和艺术家的个人寄托，探讨莫奈对这些主题的个人见解及其象征意义。

### 4. 文化和历史影响

- 讨论《睡莲》如何反映了当时的社会和文化背景，包括对自然的新视角，以及艺术与观众之间关系的变化。
- 探讨《睡莲》对后续艺术家和艺术运动，如抽象表现主义的影响，以及它在当代艺术中的地位。

### 5. 结论

概括《睡莲》系列对莫奈艺术生涯的重要性，以及它在美术史中的独特地位。

反思莫奈通过《睡莲》传达的对美、自然和艺术表达的深刻理解，以及这一系列作品对现代观众的意义。

### 6. 引用和参考

- 引用艺术史学者和批评家关于《睡莲》的分析和评论，提供多元化的视角和解读。
- 推荐一些参考资料，包括莫奈的传记、美术馆收藏的相关目录和学术文章，为读者提供进一步探索的途径。

**步骤 03** 生成评论文章。ChatGPT 可以对已生成的新闻稿件进行编辑和改写，包括语言润色、风格调整或内容简化，使文章更加符合目标受众的阅读偏好。

---

在对话框中输入：**请参考上述结构，撰写一篇关于莫奈《睡莲》的美术评鉴，字数在300 字左右。**

### ⑤ ChatGPT：

在克洛德·莫奈的众多杰作中，《睡莲》系列不仅是其艺术生涯的巅峰之作，也是印象派运动的象征性成就。晚年的莫奈将自己的激情和创造力倾注于吉维尼的花园，其中水池和漂浮的睡莲成为他无尽灵感的源泉。《睡莲》不仅是对自然美景的再现，更是莫奈对光影变幻、色彩和形式探索的实验场。

通过大胆的色彩运用和独特的笔触技巧，莫奈在画布上捕捉了水面反射的瞬间美和植物的生动姿态。这种几乎抽象的表现方式，预示了现代艺术对形式和色彩的自由探索。《睡莲》系列不仅是莫奈个人与自然对话的见证，也是对观看方式的革新——鼓励观众超越形式，感受色彩和光影的即时印象。

莫奈的这些作品超越了单纯的美学价值，它们代表了艺术家与时间的抗争，以及他对生命逝去的深刻反思。《睡莲》不仅深化了我们对自然之美的认识，也挑战并扩展了绘画的边界。在莫奈的画笔下，每一朵睡莲不仅是自然的缩影，也是艺术永恒之美的象征。

**步骤 04** 优化和润色。让 ChatGPT 继续改进和调整文章的语言风格、修改语法错误等，并且继续打磨文章的细节与深度，让文章更具有感染力与可读性。

## 2.3.9 使用 ChatGPT 进行词曲创作

歌词和歌曲的创作通常需要极其专业的知识储备和灵感，具有一定的门槛。而 ChatGPT 的出现则让用户可以更轻松地接触和尝试词曲创作，它能够为用户提供灵感，补充专业知识，帮助用户实现不同风格与主题的音乐创作。

**1. 思维导图**

提供作曲建议 ⟶ 进行歌词创作 ⟶ 修改与润色

**2. 操作步骤**

作为智能创作工具，ChatGPT 既可以给初学者灵感与指引，也可以辅助资深音乐人打磨出更高质量和水准的作品，帮助更多人以前所未有的方式探索和实现音乐愿景。

**步骤 01** 提供作曲建议。虽然 ChatGPT 本身是基于文本的 AI，不能直接生成旋律，但它可以帮助用户在作曲过程中构思旋律、歌词、和声及编排的想法。

在对话框中输入：你是一名作曲家，请以"归家"为主题帮我写一首中国风的曲子，要求以中国古典乐器与弦乐相结合进行演奏，曲目风格以史诗、热血、强节奏为主，请按上述要求为我提供一些关于歌曲编排、结构、和弦进程等方面的创作建议。

**⑤ ChatGPT:**

**歌曲结构**

- **引子**：从古筝的轻柔拨弦声开始，慢慢地引入二胡，营造出对家乡的遥远思念。古筝以悠扬的旋律表达归家的渴望，二胡的加入增加了情感的深度。
- **主题发展**：渐渐加入弦乐团的低音部分，提供稳定的和声支持，表达即将踏上归家旅程的决心和壮阔。这一部分可以采用简单的和弦进程，如 Dm-G-C-A。
- **高潮（热血部分）**：以打击乐（如大鼓）和全弦乐团的强烈进入，搭配二胡和笛子的激昂旋律，展现旅途中的艰难与战斗。和弦进程可以变得更加紧张和动态，如 Em-Bm-C-D。
- **转折**：在经历了高潮后，音乐突然转为较为平静和内省的段落，用琵琶和低音提琴表现经过一番波折后的反思和对和平的向往。和弦可以选择 Gm-Cm-D7-Gm，营造出一种暂时的平静和深刻的情感。
- **尾声（重回主题）**：全体乐器合奏，二胡重新演绎主题旋律，但这次以更加坚定和豪迈的态度，弦乐团全面加入，展现出归家的喜悦和壮丽景象。和弦进程可以回归到主题发展部分的设置，但以更加丰富和饱满的编排来结束，如 Dm-G-C-A。

**编曲建议**

在引子和转折部分，可以使用较为稀疏的编排，突出古筝和二胡的独特音色，以及琵琶的叙事性；在主题发展和高潮部分，通过加入更多的弦乐和打击乐器来增加音乐的动态范围和情感强度。特别是在高潮部分，要让音乐达到令人热血沸腾的效果；在和声编排上，可以结合中国的五声音阶和西方的和声理论，创造出既有中国风又具有史诗感的音乐氛围。

> ┏ **锦囊妙计** ┓
>
> （1）在向 ChatGPT 提供想要创作的曲子的信息时，尽可能告诉它具体的流派、风格、乐器、节奏、主题、情感等信息，提供的信息越具体，就越能接收到符合要求的作曲建议。
>
> （2）当遇到不明白的乐理时，可以直接向 ChatGPT 进行询问，它能成为用户补充专业知识的好助手。

步骤 02 进行歌词创作。完成了旋律创作以后，可以让 ChatGPT 根据设定的曲目主题和风格来提供歌词创意或初稿。

在对话框中输入：**请参照上述曲子的主题、编曲风格和结构，为其写一首古风歌词，要求语言有诗意和意境之美。**

🟢 **ChatGPT：**

《归途·烽火》

远山呼唤，烟云深处，
古筝轻拨，思念无数。
风中轻语，家的呼吸，
一路山河，只为归途。
铁马冰河入梦来，
斜阳草树寻旧迹。
千帆过尽，心未改，
何处是我，青灯古寺。
战鼓隆，烽火连三月，
剑光如霜，心似流星划夜。
天涯路远，不负韶华誓约，
誓见长安，共饮归家烈酒。
黄沙漫漫，战旗猎猎，
琵琶轻扣，泪湿罗衣。
深夜长谈，梦回千载，
谁家炊烟，温柔乡里。
天明破晓，故人归来，

二胡低吟，梦醒天开。

万水千山，不及笑颜开，

归家路上，是你我心怀。

---

**锦囊妙计**

（1）ChatGPT 虽然能为用户提供歌词创作的灵感，但具体的韵律和格式还是需要根据曲子的实际情况来做调整。

（2）受到训练数据的限制，ChatGPT 更擅长创作英文歌词。

**步骤 03** 修改与润色。用户可以使用音乐软件对这些通过 ChatGPT 创作出来的词曲进行检验，然后不断修改润色，直至打磨出符合自己想法的作品。同时，用户也可以把自己创作的旋律草稿、歌词初稿、编排想法等告诉 ChatGPT，让它给出修改建议。

## 2.3.10　使用 ChatGPT 完成游戏策划

游戏策划是游戏开发过程中的关键环节，涉及游戏的创意构思、设计、规划和文档编制等一系列活动。ChatGPT 可以充当用户在游戏设计和研发领域的得力助手，策划和创作出高质量的游戏，提升玩家的游戏体验。

### 1. 思维导图

进行概念设计 ──→ 丰富游戏设定 ──→ 进行文档编制

### 2. 操作步骤

不管是概念设计、剧情策划还是任务攻略，ChatGPT 都能辅助用户高质量、高效率地完成，加快游戏开发的进程。

**步骤 01** 进行概念设计。概念设计涉及游戏的基本理念、主题、故事背景和目标受众等，在这一阶段，用户可以借助 ChatGPT 阐明游戏的核心玩法、视觉风格和预期的玩家体验。

> 在对话框中输入：你是一名游戏策划，现在将为一款名为《星级牛仔》的角色扮演游戏进行概念设计，玩家可以在游戏里扮演拥有不同能力的英雄，与同伴合作完成任务。

**⑤ ChatGPT：**

**1. 游戏核心理念**

《星级牛仔》是一款注重团队合作的角色扮演游戏，玩家将扮演具有独特能力的英雄，探索广阔的银河，执行危险的任务，并揭露隐藏在星际边缘的秘密。游戏强调角色成长、策略战斗和故事驱动，旨在提供深度的角色扮演体验和丰富的互动故事。

**2. 目标玩家群体**

本游戏面向喜爱深度角色扮演、团队合作和宇宙探索主题的玩家。

**3. 主要玩法机制**

**角色定制：** 玩家可以选择和定制多种不同能力的英雄，包括外观、技能树、装备等。

团队合作：游戏设计多人在线合作模式，玩家需要与其他玩家组队，利用各自角色的特点和技能共同完成任务。

策略战斗：战斗不仅依靠装备和等级，更重要的是战斗策略和团队协作。

世界探索：玩家将探索一个广阔多样的宇宙，每个星球都有自己独特的环境、生物和故事。

### 4. 故事背景

游戏设定在一个遥远的未来，人类和其他种族共同居住在银河系。玩家扮演的星级牛仔是一群充满正义感的冒险者，他们接受各种任务，从解救被囚禁的生物到对抗威胁银河安全的邪恶势力。随着游戏的进展，玩家将逐步揭露一系列关于银河系最大威胁的秘密。

### 5. 角色设计

战士：擅长近战，具有高生命值和防御能力。

法师：使用各种强大的魔法攻击和辅助技能。

猎人：精通远程攻击和陷阱设定，擅长打击和控制。

治疗者：为队伍提供治疗和增益效果，是团队不可或缺的支援角色。

（略）

**步骤 02** 丰富游戏设定。完成了概念设计以后，用户可以让 ChatGPT 对故事剧情、游戏机制、关卡策划、交互设计等每个板块逐一扩展，丰富整个游戏的背景、角色和玩法。

在对话框中输入：**请补充和完善上述概念设计中的玩法机制。**

**ChatGPT：**

为了进一步丰富和完善《星级牛仔》的游戏玩法机制，我们将引入以下新的元素和特点，旨在提高游戏的互动性、策略深度和玩家沉浸感。

**动态任务系统**

- **分支任务**：任务不再是单一线性的进程，而是根据玩家的选择和行动分成多个故事线，影响游戏世界的状态和未来的任务内容。
- **随机事件**：在玩家探索宇宙时，会随机触发各种事件，如遭遇海盗袭击、发现古老遗迹等，这些事件将带来即时的挑战和奖励。

**个性化发展路径**

- **技能组合**：玩家可以自由组合和定制技能，创造独特的战斗风格，促进玩家间的策略协作和角色互补。
- **角色专精**：随着等级的提升，玩家可以为其角色选择专精方向，解锁专业技能和特殊装备，强化其在团队中的核心角色。

**社交与协作**

- **公会系统**：玩家可以创建或加入公会，与其他玩家一起参与特殊的公会任务、活动和挑战，强化玩家之间的社交和合作。
- **交易系统**：玩家可以在游戏内的市场上交易装备、资源和稀有物品，促进玩家之间的互动和经济活动。

（略）

AI办公助手：ChatGPT+Office智能办公从入门到实践（80集视频课）

在这一步，用户还可以让 ChatGPT 完善游戏的世界观、创作故事主线和支线、为 NPC（非玩家）角色赋予身份与性格特征、细化游戏关卡设计等。

**步骤 03** 进行文档编制。详细的游戏设计文档（GDD）可以记录游戏的所有设计决策和规划细节，在完成所有策划之后，可以让 ChatGPT 根据策划内容撰写游戏文档，作为开发团队的参考和指南。

在对话框中输入：**请为上述游戏撰写一份详细的游戏设计文档。**

**ChatGPT：**

以下是为《星级牛仔》游戏项目准备的 GDD 概要。请注意，这是一个简化版的示例，实际的 GDD 将更加详细和具体。

**游戏设计文档（GDD）——《星级牛仔》**

**1. 概述**

1.1 游戏概念

《星级牛仔》是一款混合了角色扮演、战略战术和探索元素的多人在线游戏，玩家扮演具有独特能力的英雄，在广阔的宇宙中与同伴合作完成任务，探索未知星球，揭露宇宙的秘密。

1.2 目标玩家群体

本游戏面向喜爱深度角色扮演、团队合作和宇宙探索主题的玩家，尤其是那些享受在丰富多样的游戏世界中进行探索和战斗的玩家。

**2. 游戏世界**

2.1 背景设定

游戏设定在一个遥远的未来，人类和其他星际种族共同探索和居住在银河系中。玩家将探索由多个星系组成的宇宙，每个星系都包含多个星球和空间站，拥有独特的环境、文化和挑战。

2.2 环境设计

● **星球类型：** 冰冻星球、荒漠星球、丛林星球、城市星球等。

● **关键地点：** 交易中心、冒险者公会、遗迹遗址等。

（略）

**7. 用户界面与交互设计**

7.1 用户界面

● **界面设计：** 提供清晰直观的用户界面，展示角色状态、地图、任务列表、背包等信息。

● **交互体验：** 设计简洁易用的菜单和控制系统，支持快速访问常用功能和设置。

7.2 交互设计

● **控制方案：** 设计适合 PC 和/或游戏主机的控制方案，支持键盘+鼠标和/或手柄操作。

● **辅助功能：** 提供可调整的 UI 大小、色盲模式等辅助功能，确保不同需求的玩家都能舒适地游玩。

### 8. 发行计划

#### 8.1 测试与反馈

● **内测与外测**：通过多轮内部测试和邀请玩家参与的封闭测试，收集反馈，进行调整和优化。

● **开放测试**：进行开放测试，扩大测试规模，收集更广泛的玩家反馈，进一步优化游戏。

#### 8.2 上市与运营

● **发行平台**：规划在主要游戏平台和商店上市，包括 PC、主机和可能的移动平台。

● **后续支持**：制订游戏上市后的维护和更新计划，包括定期发布新内容、修复 bug 和平衡调整等。

## 2.4 营销宣传

### 2.4.1 使用 ChatGPT 撰写商业计划

商业计划书是一份详细描述企业发展计划的文件，是企业规划和发展的重要工具。ChatGPT 可以根据用户需求撰写不同类型企业的商业计划书，以帮助管理者和投资者了解企业的运营策略和盈利能力，以及评估可行性和潜在的风险。

**1. 思维导图**

确定结构和大纲 ⟶ 扩充和完善 ⟶ 反馈与调整

**2. 操作步骤**

ChatGPT 可以根据用户提供的企业或项目信息快速起草商业计划书，并根据反馈进行修改和完善，帮助用户更好展示商业计划和理念。

**步骤 01** 确定结构和大纲。告诉 ChatGPT 关于企业的基本概况，包括业务类型、所处行业等，以帮助 ChatGPT 了解企业情况，它会根据这些信息为用户提供一份基础的商业计划大纲。

在对话框中输入：你是一位商业计划书撰写专家，现在需要为一家西瓜科技撰写一份商业计划书。该公司业务方向是智能硬件，所处行业为消费电子。

🅖 ChatGPT：

**封面**

● **公司名称**：西瓜科技

● 公司标志

● 提交日期

● 联系信息

目录

- 自动生成的目录，便于阅读者快速找到感兴趣的部分。

**执行摘要**

- **公司愿景**：简明扼要地描述西瓜科技的长期愿景和使命。
- **业务模式**：概述公司的核心价值和如何盈利。
- **市场需求**：简要说明目标市场的需求和市场缺口。
- **竞争优势**：归纳公司的独特竞争优势，包括技术、团队或市场策略等。
- **财务概览**：提供初步的财务预测，包括收入、利润和现金流等关键指标。
- **融资需求**：如果适用，说明公司寻求的资金额度和资金用途。

（略）

**市场分析**

- **行业分析**：分析消费电子和智能硬件行业的现状、趋势和增长潜力。
- **目标市场**：明确目标客户群体，包括他们的需求、偏好和购买行为。
- **竞争分析**：识别主要竞争对手和他们的优缺点，以及市场份额。
- **SWOT 分析**：列出公司面临的机会、威胁、优势和劣势。

（略）

**步骤 02** 扩充和完善。在确定了商业计划书大纲的基础上，再让 ChatGPT 补充每个部分的详细信息，以扩充和完善这份商业计划书。

在对话框中输入：**请对消费电子和智能硬件行业的现状、趋势和增长潜力展开分析。**

**ChatGPT：**

对消费电子和智能硬件行业的分析可以从当前市场的现状、主导趋势，以及预测的增长潜力 3 个方面展开。以下是对这些方面的概述。

**当前市场的现状**

消费电子和智能硬件行业在过去几年里经历了显著的增长，主要得益于技术创新、消费者需求的增加及生活方式的变化。智能手机、可穿戴设备、智能家居设备和个人计算设备依然是市场上的主要产品类别。随着技术的进步，更多功能被集成到这些设备中，提高了消费者的依赖度。此外，疫情加速了对远程工作、在线教育和健康监测设备的需求。

**主导趋势**

1. **人工智能和机器学习的集成**：越来越多的消费电子产品集成了 AI 功能，如智能助手、自动化家居控制，以及基于用户行为的个性化推荐，提高了设备的智能化水平和用户体验。

2. **物联网的扩展**：物联网技术的应用不断扩大，使得家庭、办公室乃至城市的各种设备都能互联互通，带来了更高效和便捷的管理方式。

3. **可持续发展和环保设计**：随着环境保护意识的增强，越来越多的消费电子产品采用可持续材料、能效设计和易于回收的包装，以减少对环境的影响。

4. **健康与健身追踪**：健康和健身追踪设备的需求持续增长，包括可穿戴设备和家庭健身设备，这些设备能够监测心率、睡眠质量、运动量等健康指标。

5. **5G 和下一代网络技术**：5G 的普及和下一代网络技术的发展将为消费电子设备提供更

高速度、更低延迟和更广泛的连接能力，推动了新应用场景的出现，如增强现实和虚拟现实。

**增长潜力**

消费电子和智能硬件行业的增长潜力依然强劲。随着技术的进步和创新，新的产品和服务将不断涌现，满足消费者的需求。全球智能家居市场、可穿戴设备和个人健康监测设备等细分市场预计将持续保持强劲增长。此外，随着全球经济逐步复苏，消费者的支出能力有望增加，这将进一步推动消费电子市场的增长。

然而，行业也面临一些挑战，包括供应链的稳定性、国际贸易的紧张关系，以及对隐私保护和数据安全的日益关注。公司需要通过创新、多样化的产品组合和强大的品牌形象来应对这些挑战，并把握行业的发展机遇。

> **锦囊妙计**
>
> （1）由于 ChatGPT 处理的信息量有限，将商业计划书拆分成多个部分，逐一询问的效果会更好，例如，提供"市场分析"的建议或者"产品与服务"的描述等。
> （2）在询问每个部分时，提供尽可能多的相关信息，以便获得最准确和具体的回答。例如，当询问关于产品描述时，提供产品的特点、目标市场和使用场景等。

**步骤 03** 反馈与调整。用户可以根据 ChatGPT 提供的内容，反复修正和优化问题，以获得更精准的答案或建议。在完成所有部分后，也可以利用它来审查语法和拼写错误。在调整完所有内容之后，用户可以利用 Word 文档对计划书进行排版，以确保格式上的专业和严谨。

## 2.4.2 使用 ChatGPT 进行头脑风暴

头脑风暴是一种集体创意思维方法，旨在快速产生大量想法以解决特定问题。用户可以使用 ChatGPT 进行头脑风暴，以快速生成和拓展想法，实现高效且灵活的创意碰撞。

**1. 思维导图**

明确与提出问题 ➝ 记录和整理想法 ➝ 评估和筛选

**2. 操作步骤**

用户可以通过对话与 ChatGPT 进行头脑风暴或者让它模拟团队小组进行头脑风暴，从而有效地开启创新思维，讨论出有潜力的解决方案。

**步骤 01** 明确与提出问题。在要求 ChatGPT 进行头脑风暴之前，用户应清晰地定义需要解决的问题或想要探讨的主题，然后在对话中以开放式问题的形式将它传达给 ChatGPT。

> 在对话框中输入：**请扮演营销总监 A 和团队小组成员 B、C、D，以"如何提高 ×× 手机销量"为主题展开一次头脑风暴，以对话的形式展现这个过程。**

**ChatGPT：**

**营销总监 A**：大家好，我们今天聚在这里，目的是探讨如何提高 ×× 手机的销量。我们需要新颖的想法和策略，所以请大家毫无保留地分享你们的思考。B，你先来吧。

**团队成员 B**：好的，我觉得我们可以从增加社交媒体的活动入手。比如，我们可以举办一个#××Moment 的活动，鼓励用户分享他们使用 ×× 手机拍摄的照片或视频，并设置奖项给予最佳内容。这样不仅可以增加我们的线上曝光度，还能够直观展示我们手机的摄影优势。

**营销总监A**：很好的想法，B，增加用户参与度的同时展示产品优势。C，你有什么建议？

**团队成员C**：我在想，是否可以探索与流行应用或游戏的合作机会？如果我们的手机能成为某个热门游戏的推荐设备，并且在游戏中提供特别优惠，这不仅可以吸引游戏爱好者，还能通过这种合作提升品牌形象。

**营销总监A**：这是一个很有潜力的方向，尤其是针对年轻消费群体。D，你认为呢？

**团队成员D**：我认为我们可以在售后服务上做文章。例如，提供额外的保修期或者一些个性化服务，比如免费的屏幕保护膜更换服务。这样可以提高消费者的信任度，促进口碑营销。

**营销总监A**：优秀的售后服务确实能够提高用户的满意度和忠诚度。这些建议都很棒。我们需要确保在执行这些想法时，能够细化策略，精确到目标人群、预算安排和预期成果。在接下来的几天里，请大家各自深入研究自己提出的点子，我们下周再集合，详细讨论执行计划。最后，大家还有什么想法或建议吗？

**团队成员B**：我们是否应该考虑对目标市场进行更细致的分析？这样我们可以更精确地定位我们的营销活动。

**团队成员C**：同意B的看法。另外，我认为我们可以利用数据分析，观察用户行为，以更好地优化我们的营销策略。

**团队成员D**：我还想补充，可能需要考虑一下竞品的营销策略，确保我们的策略具有差异化和竞争力。

**营销总监A**：非常好的观点，确保我们的策略既有针对性又有创新性是很重要的。好的，让我们以这样积极的态度向前看，期待大家下周带来更加深入和具体的计划。谢谢大家今天的贡献，会议到此结束。

**锦囊妙计**

这一步也可以通过单独与 ChatGPT 对话的形式进行，与它讨论彼此对这个问题的想法与建议。

**步骤 02** 记录和整理想法。在进行头脑风暴时，通常需要记录下这些想法以便后续采用，用户可以直接要求 ChatGPT 对这些想法进行整理与分类，以提升工作效率。

在对话框中输入：**请分类整理上述头脑风暴的内容。**

**ChatGPT：**

**社交媒体和内容营销**

● **社交媒体活动**：举办#××Moment 活动，鼓励用户分享使用 ×× 手机拍摄的照片或视频，并对最佳内容进行奖励，以增加品牌的在线曝光度和用户参与度。

**合作伙伴关系**

● **与流行应用或游戏合作**：探索与热门游戏或应用合作的机会，使 ×× 手机成为推荐设备，并在游戏中提供特别优惠，吸引游戏爱好者，提升品牌形象。

**售后服务与消费者信任**

- **提升售后服务**：提供额外的保修期或个性化服务（如免费的屏幕保护膜更换服务），提高消费者信任度和满意度，促进口碑营销。

（略）

**步骤 03** 评估和筛选。头脑风暴结束后，用户可以和 ChatGPT 一起评估提出的想法，讨论它们的可行性、潜在的影响，以及实施的难度，然后选出最有前景的方案。

在对话框中输入：**请对上述头脑风暴中提出的想法进行评估。**

**ChatGPT：**

在对上述头脑风暴中提出的想法进行评估时，我们需要考虑几个关键因素：目标受众的覆盖面、成本效益、实施的可行性，以及预期的长短期影响。基于这些考虑，我们可以筛选出最合适的方案。

**社交媒体和内容营销**

- **优点**：高度可见，能快速提高品牌曝光度；成本相对低廉；容易衡量结果。
- **适用性**：适合迅速扩大品牌知名度，尤其是针对年轻和技术敏感的消费者群体。
- **评估**：这是一个高性价比的方案，应该优先考虑实施。

**合作伙伴关系**

- **优点**：能够针对特定的兴趣群体，如游戏玩家，提供深度合作和特别优惠，增加品牌的吸引力。
- **适用性**：适合有特定目标群体的产品，可以深化品牌形象。
- **评估**：如果 ×× 手机有强大的游戏性能或特色功能，这可以是一个非常有效的策略，但需要考虑合作成本。

（略）

**结论**

- **首选方案**：社交媒体和内容营销，因为它能快速提高品牌知名度，成本效益高。
- **长期策略**：提升售后服务，提高消费者的信任度，通过市场研究和数据分析持续优化营销策略。
- **差异化和定位**：进行竞品分析，确立 ×× 手机的独特卖点，并通过合作伙伴关系深化特定市场的影响力。

实施时，应该将这些策略视为相互补充，而非相互排斥。通过综合运用这些策略，×× 手机可以在提高短期销量的同时，也为长期的品牌建设奠定坚实的基础。

## 2.4.3　使用 ChatGPT 制作产品手册

产品手册是一种详细介绍特定产品功能、规格、使用方法及维护信息的文档，它可以给用户提供必要的信息，帮助用户更好地了解和使用产品。ChatGPT 可以帮助企业快速生成高质量的产品手册，节省编撰所需的时间与人力资源。

**1.思维导图**

提供产品信息 → 生成大纲 → 编写产品手册

**2.操作步骤**

ChatGPT可以帮助用户厘清编写产品手册的思路，用户可以向它提供基础的产品信息，来快速起草和完善产品手册。

**步骤 01** 提供产品信息。提供产品信息可以让ChatGPT快速生成关于产品手册的基本框架和内容建议，如果不清楚如何提供合适的信息，可以向ChatGPT进行询问。

---

**在对话框中输入：你是一位资深的产品总监，请帮我制作一本产品手册。**

**ChatGPT：**

当然，我可以帮助概述产品手册的制作流程和要点。为了更具体地进行，我需要一些关于产品的基本信息。不过，由于我不能直接创建实体或数字手册，我会提供一个基于文本的框架和内容建议，你可以根据这些建议来设计和完善实体或数字手册。请提供以下信息。

1. **产品名称和描述**：产品是什么？主要用途和功能是什么？
2. **技术规格**：产品的尺寸、重量、材料、电源需求等。
3. **目标用户**：这个产品主要面向哪些用户群体？
4. **安装过程**：用户如何安装或初次设置产品？
5. **使用指南**：日常使用产品的步骤和建议。
6. **维护和清洁建议**：如何维护和清洁产品以延长使用寿命？
7. **故障排除**：常见问题及其解决方法。
8. **安全警告**：使用产品时需要注意的安全事项。

**保修和客户支持信息**：产品保修期限、如何联系客户支持等。

一旦我有了这些信息，我将能够提供一个详细的产品手册内容框架。

---

**步骤 02** 生成大纲。用户可以按照上述提示将基础的产品信息和其他编写要求告诉ChatGPT，让它生成一份产品手册的大纲。

---

**在对话框中输入：产品是Moning 200智能咖啡机，主要用途和功能是为咖啡爱好者提供无与伦比的便捷和定制咖啡体验，它可以通过智能手机应用远程操作，支持多种咖啡制作模式，产品受众主要是生活忙碌但又不愿妥协于咖啡品质的咖啡爱好者。请根据以上信息生成一份产品手册大纲。**

**ChatGPT：**

基于提供的信息，以下是Moning 200智能咖啡机产品手册的大纲。

Moning 200智能咖啡机产品手册大纲

封面

● **产品名称**：Moning 200智能咖啡机

- 品牌 LOGO
- 高质量的产品图片

**欢迎页**

- 欢迎词
- 对 Moning 200 智能咖啡机的简短介绍
- 产品的主要用途和功能概述

**安全须知**

- 安全警告和注意事项
- 正确的电源使用方法
- 设备清洁与维护的安全指导

**产品概述**

- Moning 200 的设计理念和主要特点
- 技术规格简介（尺寸、重量、材料、电源需求等）
- 包装内容列表（咖啡机、水箱、咖啡豆容器、使用手册等）

（略）

---

**锦囊妙计**

用户可以根据产品的实际情况对生成的大纲进行调整。

---

**步骤 03** 编写产品手册。在调整和确定了大纲之后，就可以让 ChatGPT 根据大纲来编写完整的产品手册了，通常可以得到一个简化版的手册内容，用户可以在此基础上修改或者替换信息，最终得到符合自己需要的产品手册。

---

**在对话框中输入：请根据上述大纲，帮我编写完整的产品手册。**

**⑤ ChatGPT：**

下面是 Moning 200 智能咖啡机的简化版产品手册。请注意，实际产品手册应包含更详细的操作说明和安全信息。

**欢迎使用 Moning 200 智能咖啡机**

恭喜您成为 Moning 200 智能咖啡机的新主人！这款先进的咖啡机旨在为您提供无与伦比的咖啡体验，结合便捷的智能功能和多样的咖啡制作模式，确保每一天都能享受到完美的一杯咖啡。

**安全须知**

在开始之前，请确保您已经阅读并理解以下安全指南：

- 仅在指定电压下使用本设备。
- 避免将咖啡机置于潮湿的环境中。
- 清洁咖啡机时，请先拔掉电源插头。
- 请勿尝试自行拆修咖啡机。

**快速开始**

- **开箱检查：** 确认包装内包含咖啡机主体、水箱、咖啡豆容器及使用手册。
- **连接电源：** 将咖啡机放置在平稳的表面上，并连接到电源插座。
- **Wi-Fi连接：** 按照应用程序指引完成Wi-Fi连接和智能手机配对。

（略）

┌─ **锦囊妙计** ─┐

（1）用户可以把ChatGPT生成的这份手册作为参考来对实际的产品手册进行调整，实际的产品手册应该包含更详尽的安全信息、使用说明、维护指南，以及法律和保修条款等。

（2）为了更好的用户体验，建议在实际的产品手册中加入图表和插图来辅助说明。

## 2.4.4 使用ChatGPT进行产品推广

产品推广是营销的一部分，涉及市场分析、策略制定、资源利用等多个方面，旨在通过有效地传播和推广，提升品牌的知名度和影响力，从而实现企业的商业目标。在ChatGPT的帮助下，企业营销人员可以更好地理解市场和用户，制定出更加有效的产品推广方案。

**1. 思维导图**

生成大纲 ➡️ 进行产品分析 ➡️ 提供策略与创意 ➡️ 完善推广方案

**2. 操作步骤**

在进行产品推广前，ChatGPT可以帮助企业营销人员挖掘产品优势、洞察市场、提供有创造性的营销策略或者定制化的营销内容，从而提升产品推广的整体效果。

**步骤 01** 生成大纲。当企业营销人员不清楚要如何进行产品推广时，可以让ChatGPT生成一个初步的产品推广大纲作为参考。

**在对话框中输入：你是一名营销策划，我需要写一篇产品推广方案，请为我提供一份大纲。**

**⑤ ChatGPT：**

以下是一个基本的产品推广方案大纲，你可以根据具体的产品特性、目标市场和资源进行调整。

**产品推广方案大纲**

**1. 执行摘要**

简短描述推广方案的目标和主要策略。

**2. 产品概述**

- **产品名称：** 提供产品的名称。
- **产品描述：** 描述产品的主要特点和用途。
- **产品优势：** 强调产品的独特卖点和竞争优势。

**3. 市场分析**

- **目标市场：** 定义产品的目标消费者群体，包括他们的人口统计特征和行为特征。

AI办公助手：ChatGPT+Office智能办公从入门到实践（80集视频课）

- **市场需求**：分析目标市场的需求，以及产品如何满足这些需求。
- **竞争分析**：识别主要竞争对手，分析他们的优势和劣势。

（略）

**步骤 02** 进行产品分析。企业营销人员可以参考上述大纲，分步让 ChatGPT 对产品进行分析，包括目标受众、市场趋势、竞争对手等，以便后续编写完整的推广方案。

在对话框中输入：**我们的产品是 ×× 平板电脑，其特点便携轻薄、屏幕高清、适合日常办公与艺术创作，续航能力强。请帮我分析这款产品的目标受众。**

**ChatGPT：**

这款产品的特性使其吸引以下主要目标受众群体。

1. **职场专业人士**：这一群体包括企业管理者、自由职业者、远程工作者和商务旅行者，他们需要高效地完成工作任务，尤其重视便携性和生产力。

2. **学生**：尤其是大学生和研究生，他们需要在课堂、图书馆和咖啡店等多种环境下学习和完成作业。

3. **艺术家和设计师**：包括专业的图形设计师、插画家、动画制作人和摄影师，他们需要使用高性能的设备进行创作。

4. **科技爱好者**：追求最新科技产品的消费者，他们乐于尝试新技术，以提升个人生活和工作效率。

（略）

**步骤 03** 提供策略与创意。在完成对目标受众和市场等的分析之后，企业营销人员就可以让 ChatGPT 就分析的结果为后续的推广提供一些策略和创意了。

在对话框中输入：**请针对如何推广该产品提供一些策略与创意。**

**ChatGPT：**

我们可以制定以下推广策略与创意。

**推广策略**

**1. 定位和品牌故事**

- **定位**：将 ×× 平板电脑定位为不仅仅是一款产品，而是一个能够提升工作效率、激发创造力和支持学习成长的伙伴。
- **品牌故事**：讲述 ×× 平板电脑如何在用户的日常生活、工作和创作中扮演关键角色，强调其技术创新和设计精湛。

**2. 内容营销**

制作和分享高质量的内容，包括但不限于以下几项。

- **使用教程**：针对不同的受众群体（如设计师、学生等）制作专门的使用技巧视频或文章。
- **成功案例**：展示真实用户如何使用 ×× 平板电脑达成目标或完成项目的故事。
- **设计和技术解析**：深入解析产品设计理念和技术特性，展现其行业领先地位。

### 3.社交媒体活动

- 在社交媒体等平台上，进行有奖挑战赛和互动活动，如"我的××创作挑战""××平板电脑助力我工作/学习"分享活动，鼓励用户分享他们的创作或工作成果，并使用特定的标签。

### 4.合作伙伴关系

- 与教育机构和创意软件公司合作，提供特别优惠或捆绑销售，增加产品的吸引力。
- 与知名艺术家、设计师、教育家合作，通过他们的推荐和使用案例来增加产品的信任度和吸引力。

### 5.体验营销

在重要城市设立体验中心，让目标客户亲自体验××平板电脑的强大功能。

在相关行业会议和展览上展示××平板电脑，如设计展、教育技术展等。

### 创意

### 1."××生活方式"短片系列

制作一系列短片，展示××平板电脑如何融入并改善不同用户的生活方式和工作流程，如设计师的创作过程、学生的学习日常、职场人士的移动办公等。

### 2.艺术家合作限量版

与知名艺术家合作，设计××平板电脑的限量版外观，吸引艺术和设计爱好者的注意。

（略）

步骤 04 完善推广方案。用 ChatGPT 将产品各部分的分析情况和策略创意进行整合，生成完整的产品推广方案。

在对话框中输入：**请结合上述信息，为这款平板电脑撰写完整的产品推广方案。**

**⑤ ChatGPT：**

**××平板电脑产品推广方案**

### 1.产品概述

　　××平板电脑以其便携轻薄的设计、高清屏幕、强大的适用性，以及卓越的续航能力，旨在满足现代职场专业人士、艺术创作者和学习者的需求。

### 2.市场分析

**目标市场**

- **职场专业人士与远程工作者**：寻求提升工作效率的工具。
- **学生**：需要可靠的设备支持学习和研究。
- **艺术家与设计师**：追求高质量显示效果的设备进行创作。
- **科技爱好者**：对最新科技产品充满热情，追求性能与便携性的完美结合。

**竞争分析**

市场上存在多款竞争产品，但××平板电脑通过其独特的性能和设计，结合个性化的推广策略，将在目标市场中脱颖而出。

### 3.推广目标

- 提升品牌知名度。

- 在目标受众中建立强大的品牌形象。
- 6 个月内提升 20% 的销量。

**4. 推广策略**

内容营销

- **使用案例与教程：** 发布针对不同用户群体的使用案例和教程，如艺术创作指南、高效办公技巧等。
- **成功故事：** 分享真实用户使用 ×× 平板电脑改变他们的工作和生活的故事。

（略）

---

**锦囊妙计**

（1）尽管 ChatGPT 能提供有价值的策略和支持，最终推广方案的决策和优化还应依赖于专业人士的深入分析和实战经验。

（2）在完成产品推广方案初案之后，企业营销人员可以根据实际推广的效果来调整和优化方案。

## 2.4.5　使用 ChatGPT 编写品牌故事

品牌故事是公司、产品或品牌的创始和发展历程的叙述，包含品牌的历史背景、品牌的核心价值观、品牌所倡导的生活方式或思维方式等。利用 ChatGPT 来编写优秀的品牌故事，可以激发消费者的品牌共鸣，提高品牌忠诚度。

**1. 思维导图**

明确品牌定位 → 生成故事大纲 → 编写品牌故事 → 优化与润色

**2. 操作步骤**

ChatGPT 可以生成大量创意，同时帮助用户对品牌的定位、受众和市场环境等进行研究与分析，撰写出更符合营销策略与目标的品牌故事。

**步骤 01** 明确品牌定位。用户可以在 ChatGPT 的帮助下定义品牌的愿景、使命、核心价值观和目标受众等，这些是构建品牌故事的基础。

在对话框中输入：**你是一名资深的品牌总监，我需要为一家人文艺术书店撰写一篇品牌故事，请帮我分析其核心定位（包括品牌愿景、使命、核心价值观）和目标受众。**

**ChatGPT：**

**品牌愿景**

×× 书屋的愿景是成为书籍的集散地，以及人文交流、艺术欣赏和思想碰撞的文化沙龙。通过提供精选的书籍和艺术作品，并且组织文化活动，×× 书屋致力于成为社区内知识与文化的灯塔，激发人们对生活和美好事物的追求与欣赏。

**品牌使命**

×× 书屋的使命是促进阅读和艺术的普及，通过提供一个舒适和启发性的空间，鼓励人们探索、分享和成长。我们相信，通过阅读和艺术的力量，人们可以拓宽视野，增进理解，从而构建更加开放和包容的社会。

**核心价值观**

**1.文化多样性**：推崇和尊重不同文化与观点的多样性，提供各种类型的书籍和艺术作品。

**2.知识共享**：鼓励知识的分享和传播，定期举办讲座、工作坊和作者见面会等活动。

**3.持续学习**：倡导终身学习的理念，提供不同年龄和兴趣群体的学习资源。

**4.社区参与**：积极参与社区建设，通过文化活动与项目促进社区成员之间的互动和连接。

**目标受众**

**1.文化爱好者**：对文化、艺术和阅读充满热情的个人，寻求深度思考和美的体验。

**2.终身学习者**：所有年龄段的人，特别是那些致力于个人成长和终身学习的人。

**3.社区参与者**：寻求参与社区活动、与他人交流想法和经验的居民。

**4.创意工作者**：作家、艺术家、教育工作者等寻求灵感和交流机会的创意人士。

步骤 **02** 生成故事大纲。基于品牌的核心价值和目标受众的兴趣，用户可以确定一个或多个可能的故事主题，并让 ChatGPT 生成故事大纲。

在对话框中输入：**请根据上述分析为这家书店的品牌故事设计一个大纲，包括起始背景、冲突/挑战、解决方案/转折点，以及结局/品牌承诺。**

**ⓢ ChatGPT：**

**品牌故事大纲**

**起始背景**：在一个快节奏、高科技的时代，人们逐渐失去了阅读实体书和面对面交流文化的习惯。××书屋的创始人在一个偶然的机会下，体验了阅读带来的乐趣和启发，萌生了创立一个能够让更多人体验这种乐趣的想法。

**冲突/挑战**：如今，数字化阅读和网络社交盛行，实体书店遭遇经营困难，人们对实体书和书店的价值认识减弱。社区中缺乏一个能够促进多样性文化交流和提供终身学习资源的平台。

**解决方案/转折点**：××书屋不仅仅是售卖书籍的地方，更是一个文化交流中心。通过举办签名会、艺术展览、文学讲座和工作坊等活动，可以吸引不同背景和兴趣的人们参与进来，激发社区的文化活力。通过创立一个书友会，可以鼓励人们分享阅读体验，推广终身学习的理念。

**结局/品牌承诺**：××书屋成为社区文化生活的重要组成部分，不仅促进了文化艺术的传播和多样性发展，也让社区成员之间建立了深厚的联系。

品牌承诺继续支持和丰富社区的文化生活，成为人们心灵成长和文化交流的港湾。

步骤 **03** 编写品牌故事。用户可以让 ChatGPT 根据确定的大纲来编写一个完整的品牌故事，在这一步，还可以把自己想要在故事中体现的具体细节告诉 ChatGPT。

在对话框中输入：**根据上述大纲编写一个品牌故事，字数在 300 字左右，故事以治愈、温馨、励志为主，语言风格偏叙事、文艺。**

### ChatGPT:

在这个数字化高速发展的时代，××书屋诞生于一种渴望——渴望重新连接纸张的触感和心灵深处的平静。创始人曾在一个寂静的午后重拾旧书，字里行间找回了久违的平静。这份体验如同一束光，照亮了创立一个能够让更多人分享这种温暖的地方的梦想。（略）

**锦囊妙计**

用户还可以把品牌故事中想要的情感色彩、故事细节或语言风格也告诉 ChatGPT，以生成更符合需求的内容。

**步骤 04** 优化与润色。用户可以检验生成的品牌故事是否与自己的需求一致、是否符合品牌的调性，再利用 ChatGPT 对故事进行细节上的加工和语言上的优化，使其更加生动和吸引人。

在对话框中输入：**请为上述品牌故事多赋予一些故事感和情节，总体字数不变。**

### ChatGPT:

在喧嚣的城市中的某个角落，××书屋静静地守候着一个温馨的梦想。创始人，一个曾在灰暗的日子里被书本治愈的灵魂，决心将这份光芒传递给更多人。在一个冬日暖阳的午后，他重拾了一本被遗忘的旧书，字里行间流淌的不仅是故事，还有温暖人心的力量。那一刻，成立 ××书屋的想法如同种子在他心中生根发芽。

但梦想的路上总是充满挑战。数字阅读的浪潮让实体书店变得岌岌可危，人们似乎忘记了纸页间的温度。然而，××书屋坚守着一片文化绿洲，它不仅售卖书籍，更是连接纸张与心灵的桥梁。它通过举办签名会、艺术展览和文学讲座，唤醒了社区人们对阅读和文化的渴望，每一次活动都是一次心灵的盛宴，让每个参与者的心得到触动和治愈。

（略）

## 2.4.6　使用 ChatGPT 撰写广告文案

广告文案是指为了促销产品、服务或品牌而创作的文字，其主要目的是吸引目标受众的注意，激发他们的兴趣，最终促使他们购买产品、订阅服务或支持品牌。ChatGPT 能以丰富的创意和表现形式来辅助用户撰写广告文案，帮助品牌更好地与目标受众沟通和互动。

**1. 思维导图**

探索特点与受众 ➔ 生成文案内容 ➔ 提炼品牌标语 ➔ 优化与润色

**2. 操作步骤**

ChatGPT 可以帮助用户快速生成文案初稿，提高创作效率，同时还可以帮助用户跳出传统思维模式，丰富广告的创意表达。

**步骤 01** 探索特点与受众。在进行文案创作前，明确产品的特点和受众目标可以让

ChatGPT 在进行文案创作时更准确地展现出产品的优势，使文案更具说服力。

在对话框中输入：**你是一名资深的广告文案专员，需要为一款蓝牙音响创作一篇海报文案，请帮我识别该产品的特点和目标受众。**

> **⑤ ChatGPT：**
>
> **产品特点**
>
> 1. **音质清晰**：这款蓝牙音响提供高清晰度的音频输出，无论是深沉的低音还是清脆的高音，都能精准还原，给予听者身临其境的感受。
>
> 2. **持久续航**：长时间的电池寿命确保用户可以享受持续不断的音乐体验，无须频繁充电，非常适合长时间外出或旅行使用。
>
> 3. **便携设计**：轻巧的设计和便携的尺寸让这款音响成为户外活动、聚会或旅行的理想选择。用户可以轻松地将它带到任何地方。
>
> 4. **复古外形**：与众不同的复古设计风格不仅让音响成为实用的电子产品，也让它成为一件时尚的装饰品，吸引那些对复古审美有偏好的消费者。
>
> **目标受众**
>
> 1. **音乐爱好者**：追求高质量音乐体验的人群，他们对音质有较高的要求，希望无论在何处都能享受到优质的音乐。
>
> 2. **户外活动爱好者**：喜欢户外活动、旅行和探险的年轻人，他们需要便携且续航能力强的音响，以确保在任何环境下都能享受到音乐。
>
> 3. **复古风格追求者**：对复古文化和设计感兴趣的消费者，他们不仅看重产品的实用性，而且也看重其审美价值和个性化设计。

┏━ **锦囊妙计** ┓

如果已经明确了产品的特点、目标受众等信息，也可以在这一步直接让 ChatGPT 根据得到的信息生成相应的文案。

步骤 02 生成文案内容。在了解了产品的特点和目标受众后，用户可以让 ChatGPT 创作一篇既能展示产品优势又能引起目标受众共鸣的广告文案。

在对话框中输入：**请以上述产品特点与目标受众为基础，生成一篇海报文案。**

> **⑤ ChatGPT：**
>
> **文案**：音乐的时光机。
>
> **主标题**：复古之声，未来之旅。
>
> **副标题**：跟随旋律，穿越时空。
>
> **主体文案**：
>
> 回到过去，那些享受黑胶唱片的岁月里，每一个音符都充满故事。今天，让 RetroBeat 蓝牙音响带你重温那些经典旋律，同时探索全新的音乐世界。RetroBeat 蓝牙音响采用最先进的音频技术，保证每一首歌都像原唱一样清晰；持久的续航力让你的音乐之旅没有间断；轻巧的设计，让你轻松带上它去任何地方。穿上你的复古装，让我们一起，用 RetroBeat "写

AI办公助手：ChatGPT+Office智能办公从入门到实践（80集视频课）

下"属于今天的故事。

**结尾呼吁：**

开启你的复古音乐之旅。RetroBeat，音质的未来，复古的灵魂。

**步骤 03** 提炼品牌标语。用户可以在生成文案的基础上看是否需要继续修改，然后让 ChatGPT 根据这些文案来提炼品牌标语，通过简洁有力的语言来传达品牌的精神和价值主张。

在对话框中输入：**请根据上述文案提炼 5 句不同风格的品牌标语。**

**⑤ ChatGPT：**

1. **经典复古，未来触手可及**：结合复古和未来的元素，突出产品既能回味经典又能拥抱未来技术的特性。

2. **让每个旋律都穿越时空**：强调产品能够带给用户穿越时空的音乐体验，每个音符都充满故事和情感。

3. **声音的艺术，时间的见证**：以艺术和时间为主题，突出音响以其独特的复古设计和卓越的音质，见证时间的流转和音乐的永恒。

4. **复古心跳，未来共鸣**：利用"心跳"和"共鸣"这两个音乐术语，强调产品连接了过去和未来，触动每一位用户心中的音乐情感。

5. **旋律之旅，始于复古，终于未来**：突出音乐旅行的概念，从复古出发，到达未来，展现产品带给用户的独特的音乐体验。

┌─ **锦囊妙计** ─┐

　　用户也可以根据之前 ChatGPT 生成的文案内容自行提炼品牌标语。

**步骤 04** 优化与润色。优秀的广告文案通常需要具备较强的吸引力和说服力，用户可以借助 ChatGPT 来对之前生成的文案和标语进行润色和优化（比如希望文案更加活泼、正式、简洁等）。

在对话框中输入：**我想让上述海报文案的风格更加活泼，请帮我进行改写。**

**⑤ ChatGPT：**

跳进时光机，一起摇摆到那些黑胶唱片流行的年代，每个音符都跳跃着讲述不同的故事。今天，就让 RetroBeat 蓝牙音响成为你的时光导游，带你享受那些经典旋律的美好时光，同时开启一段全新的音乐探险旅程。我们采用顶尖的音频技术，让每一曲都宛如现场演唱般生动清晰；超长续航，保证你的音乐不停歇；轻便设计，让你随时随地都能享受音乐盛宴。穿上你那件酷炫的复古装，跟 RetroBeat 一起，创造属于现在的经典故事吧！

┌─ **锦囊妙计** ─┐

　　用户还可以让 ChatGPT 来评价和反馈已生成的文案，然后再根据反馈意见继续调整，反复迭代，打磨出高质量的广告文案。

## 2.5 电商与新媒体

### 2.5.1 使用 ChatGPT 生成爆款标题

在如今的自媒体时代，想让产出的文章或内容拥有较高的点击率甚至爆火出圈，就需要一个爆款标题来吸引读者的好奇心与兴趣。ChatGPT 可以基于海量数据生成多样化的标题提案，帮助我们创作出更有吸引力的爆款标题。

**1. 思维导图**

明确发布平台 → 提供关键信息 → 调整标题风格 → 评估和迭代

**2. 操作步骤**

ChatGPT 可以根据内容主题，生成既新颖又具有吸引力的爆款标题，有效提升内容的点击率与市场竞争力。

**步骤 01** 明确发布平台。不同的自媒体平台有各自的用户群体、内容偏好和互动方式，先明确发布平台将有助于 ChatGPT 根据目标平台的用户特点对标题的风格进行调整，以确保与受众的兴趣和期待相匹配。

在对话框中输入：**我需要为我的产品选一个吸引人的标题，发布的平台是小红书，你可以帮助我吗？**

**⑤ ChatGPT：**

当然可以帮忙！请先告诉我一些关于你的产品的细节，比如产品的类型、特点、目标受众，以及你希望传达的主要信息或情感。

**步骤 02** 提供关键信息。用户可以向 ChatGPT 提供尽可能多的相关信息，让它更清楚地理解自己的创作需求，然后让 ChatGPT 生成标题的初稿。

在对话框中输入：**产品名称是"朝露咖啡"，发布的频道是美食频道，产品特点是口感浓郁、提神醒脑、明星同款，目标受众是都市年轻职场人士，希望标题能够唤醒大家对美好生活的向往。请按上述要求帮我生成 9 个吸引人的标题。**

**⑤ ChatGPT：**

1. 朝露咖啡——开始你的星级早晨：明星同款，都市生活的醒神秘诀
2. 一杯朝露，醒转全城：口感浓郁的咖啡，让美好生活触手可及
3. 不仅是咖啡，更是都市早晨的仪式感——尝试朝露咖啡，唤醒对生活的热情
4. 从早到晚的活力来源：朝露咖啡，浓郁口感下的清醒力量
5. 让每个早晨都充满期待——朝露咖啡，都市职场人的首选
6. 走过千山万水，只为这一杯朝露——浓郁、提神，唤醒你美好的每一天
7. 明星都在喝！朝露咖啡：唯一能与你的早晨匹敌的浓郁香气

AI办公助手：ChatGPT+Office智能办公从入门到实践（80集视频课）

8. 生活不只眼前的苟且，还有朝露咖啡、远方的诗与田野

9. 每一天的好心情，从一杯朝露开始：浓郁、提神、醒脑，启动全新的自我

─┤ 锦囊妙计 ├─

在输入关键词时，可以告诉 ChatGPT 需要生成的标题的具体数量，这样它就能按要求生成指定数量的标题。

**步骤** 03 调整标题风格。如果想要改变生成标题的风格，也可以告诉 ChatGPT 让它根据需求对标题进行调整。

在对话框中输入：**请根据上述内容，以问句的形式再生成 5 个标题。**

**ChatGPT：**

当然，以下是以问句形式表达的 5 个标题。

1. 想知道明星早晨快速进入状态的秘密吗？尝一尝朝露咖啡，唤醒你的每一天！

2. 早晨总是难以启动？为何不让朝露咖啡的浓郁香气来唤醒你？

3. 怎样的咖啡能让都市生活更加精彩？朝露咖啡，你的不二之选！

4. 追求美好生活的你，早上第一杯咖啡选朝露了吗？

5. 提神醒脑，口感浓郁，谁能拒绝朝露咖啡带来的完美早晨？

在对话框中输入：**请以更加优雅、诗意的表达方式对上述标题进行修改。**

**ChatGPT：**

1. 当晨光遇上朝露：你的星级早晨是否缺少了一杯浓情咖啡？

2. 朝露咖啡——怎样的浓醇口感，能让全城的人为之心动？

3. 每个黎明的呢喃：朝露咖啡带来的，仅仅是咖啡吗？

4. 何以解忧，唯有朝露：清晨，一杯浓郁咖啡的仪式，能唤醒怎样的梦想与热情？

5. 穿越千山万水，寻找的不仅是咖啡的味道——朝露咖啡，如何唤醒你对生活的渴望？

**步骤** 04 评估和迭代。用户可以继续利用 ChatGPT 来完成对标题的评估，然后让它给出相应的优化建议，经过反复迭代之后，选出最符合标准的标题。

在对话框中输入：**请对"朝露咖啡——开始你的星级早晨：明星同款，都市生活的醒神秘诀"这个标题进行评估与反馈，并给出调整的建议。**

**ChatGPT：**

这个标题已经相当吸引人，具备几个强有力的特点。

**优点**

1. **吸引力**：通过"明星同款"和"星级早晨"，立即引起了目标受众的兴趣和好奇心。这种联系给予了产品一种高端和值得信赖的感觉。

**2. 明确的价值主张**："都市生活的醒神秘诀"直接告诉消费者，这款咖啡能够提神醒脑，非常适合快节奏的都市生活。

**3. 情感共鸣**：与都市年轻职场人士的生活状态相呼应，有效激发他们对改善早晨状态的渴望。

**可以调整的地方**

**1. 简化和精练**：标题虽然吸引人，但略显冗长。在某些平台，用户可能只是快速扫视，因此更短的标题可能更有效。尝试精简信息，但保持核心卖点不变。

**2. 加强情感连接**：虽然"明星同款"能提升产品形象，但可能不如直接触动消费者个人情感那么强烈。考虑增加更多让目标受众产生情感共鸣的元素，比如对美好早晨的描述。

**3. 优化语言**：使语言更加生动和具象，增加诗性或故事感，让人一眼就能想象到品尝朝露咖啡时的情景和感受。

**调整后的建议标题**

每个清晨，都由朝露起始——唤醒都市生命的第一口清新。

（略）

---

┏━ **锦囊妙计** ┓

虽然 ChatGPT 能够生成标题并对其进行评估和优化，但用户依然需要运用自己的创意和审美去对它进行检阅与完善，这样才能创作出真正打动人心的爆款标题。

---

## 2.5.2　使用 ChatGPT 撰写小红书文案

如今，在小红书平台上发布帖子来分享自己的生活体验、产品评测、旅行日记、美食推荐等已经成为一种趋势，而撰写小红书文案也需要掌握一定的创作技巧。ChatGPT 可以在创作过程中提供有效的帮助和优化，帮助用户快速生成心仪的小红书文案。

**1. 思维导图**

明确类型和信息 ➞ 提供关键信息 ➞ 调整润色

**2. 操作步骤**

ChatGPT 能够根据用户提供的信息按特定的结构和格式来辅助撰写不同类型的小红书文案，从初步构想到最终成品，确保文案的质量和吸引力。

**步骤 01** 明确类型和信息。在开始撰写文案之前，用户可以告诉 ChatGPT 自己想要撰写的文案类型，以及需要提供哪些关键信息，这样有助于确保后续文案创作的方向和效果。

**在对话框中输入：你是一名小红书达人，我需要你帮我写一篇小红书产品测评，你需要我提供什么信息？**

**⑤ ChatGPT：**

为了撰写一篇具有吸引力的小红书产品测评文案，以下是我需要的信息。

1. **产品名称和品牌**：具体的产品名称，以及生产这款产品的品牌。

2. **产品类别**：如护肤品、化妆品、健康食品、家用电器等。

3. **产品特点**：包括产品的主要功能、特殊成分、创新技术或设计等。

4. **个人使用体验：**

● 使用前的肌肤／使用场景的问题或需求。

● 使用过程的感受，如质地、香味、使用感等。

● 使用后的效果，如改善情况、持续时间等。

5. **目标受众**：你希望通过测评吸引哪一类读者或消费者。

6. **推广目的**：希望通过这篇测评达到的目的，如增加品牌曝光度、提升销量、建立品牌形象等。

7. **任何特别希望提及或避免的点**：包括但不限于对品牌的特别喜好、对产品的敏感问题等。

步骤 02 提供关键信息。在明确了需要提供的关键信息之后，用户就可以将这些信息告诉 ChatGPT，让它生成既专业又个性化的产品测评文案。

在对话框中输入：**产品名称是"星光亮彩精华"，类别是护肤品，产品卖点是天然植物提取、深层保湿、提升肌肤光泽、瓶身有设计感，个人使用体验较好，质地轻柔不黏腻，目标受众是喜欢护肤的女性，推广目的是通过这篇测评增加品牌曝光度和影响力，请根据上述信息帮我生成一篇小红书测评文案。**

## ⑤ ChatGPT：

**星光亮彩精华：闪耀每一刻的肌肤秘密**

大家好，我今天超级激动来分享我近期的美肤心得——"星光亮彩精华"！

**产品简介**

首先，让我们聊聊这款精华的基本信息。星光亮彩精华是由知名护肤品牌推出的最新力作，它承诺通过天然植物提取精华，给予肌肤深层的保湿效果，并显著提升肌肤光泽。而且，说到包装设计，它的瓶身简直是艺术品级别的，时尚且有设计感，放在化妆台上都是一大亮点！

**主要卖点**

● **天然植物提取**：精选植物成分，温和不刺激，适合各种肌肤。

● **深层保湿**：持久锁水，让肌肤终日保持水润状态。

● **提升肌肤光泽**：改善暗沉，让肌肤由内而外自然发光。

● **设计感瓶身**：不仅是护肤品，更是一件精美的装饰品。

**个人使用体验**

从第一次按压"星光亮彩精华"的那刻起，我就知道它与众不同。质地轻柔且完全不黏腻，涂抹在脸上仿佛立刻被肌肤吸收，留下的只有滑嫩和细腻。使用了一个月，我的肌肤真的有了明显的变化——更加水润光泽，就像是内部散发出来的光彩，连我自己看了都惊喜！

（略）

┏━ **锦囊妙计** ┓

　　用户可以选择性地告诉 ChatGPT 几个关键信息，但是它所知道的关键信息越多，生成的文案可能就越丰富和符合需求。

**步骤 03** 调整润色。如果觉得 ChatGPT 初次生成的文案内容或者格式不太符合小红书的风格，可以让 ChatGPT 继续进行调整。

　　在对话框中输入：**请对上述内容和格式进行调整，可以采用更加日常的对话和能引起情感共鸣的方式，让它更贴近小红书的风格，不要分点叙述。**

**ChatGPT：**

**与"星光亮彩精华"共舞，肌肤的每一次闪耀都记录着美丽的秘密**

　　亲爱的，你是否也在寻找那款能让肌肤由内而外散发自然光泽的神仙精华？我找到了！它就是"星光亮彩精华"。自从它成为我护肤桌上的新宠儿，我的肌肤状态简直是日新月异！

　　从瓶身到精华质地，每一处都透露着设计感与品质。时尚的外观，轻盈不黏腻的使用感，每一次使用都像是对肌肤的一场深情告白。天然植物提取的精华，深层的滋润保湿，不仅让我的肌肤告别了干燥，还逐渐焕发出了健康的光泽，仿佛星光落在了脸上，每一个微笑都闪闪发光。

　　我知道你也和我一样，对护肤品有着极高的要求。但相信我，"星光亮彩精华"会给你惊喜。它不只是一瓶精华，它是我们追求美丽、自信生活的伙伴。对于追求细腻肌肤、不愿妥协的你，它绝对值得一试。

　　在这里分享给喜欢护肤、追求生活品质的你。不要让你的肌肤错过这款能让它闪耀的秘密武器哦！让我们一起，在星光下更加自信地闪耀吧！

┏━ **锦囊妙计** ┓

　　（1）使用 ChatGPT 撰写小红书文案的过程是迭代的，可能需要几轮调整才能完善文案。我们也可以在这个过程中对文案中的语法错误等进行校对和润色，以确保最终成品的质量。

　　（2）在正式发布之前，可以在文案里添加一些表情符号，这样更符合小红书文案的特点。

## 2.5.3　使用 ChatGPT 创作公众号文章

　　作为当前最受欢迎的数字内容形式之一，公众号对个人品牌建设、企业营销、信息传播等都有重要作用。可以借助 ChatGPT 来创作公众号文章，它的快速生成草稿和迅速调整、优化文章的能力可以帮助用户提高内容生产的效率和质量。

**1. 思维导图**

确定主题和大纲 ⟶ 创作文章内容 ⟶ 调整润色

**2. 操作步骤**

　　ChatGPT 能够根据用户提供的信息按特定的结构和格式来辅助撰写不同类型的公众号文

章，从初步构想到最终成品，确保文案的质量和吸引力。

**步骤 01** 确定主题和大纲。明确主题与大纲可以让 ChatGPT 提供一个基于此主题的基本结构，包括引言、主体段落和结论的建议。

在对话框中输入：**你是一名自媒体从业人员，运营的公众号以演出资讯与推荐为主，现在我要创作一篇关于近期演出推荐主题的公众号文章，请帮我生成一个大纲。**

**ChatGPT：**

为了创作一篇关于近期演出推荐的公众号文章，可以遵循以下大纲来构思和规划内容。

**近期演出推荐大纲**

**1. 引言**
- 简短介绍演出艺术在日常生活中的重要性。
- 提及近期回归现场活动的趋势，激发读者的兴趣和期待。

**2. 即将到来的演出盘点**
- 精选几场近期值得期待的演出，包括但不限于音乐会、戏剧、歌剧、舞蹈等。
- 对每场演出进行简短介绍，包括演出的类型、主要演员或团体、时间、地点等。

**3. 演出亮点解读**
- 深入挖掘每场推荐演出的看点，比如特别的演出形式、值得关注的演员或指挥、演出背后的故事等。
- 强调这些演出的独特之处和不容错过的理由。

**4. 观演小贴士**
- 提供一些观演小贴士，帮助读者更好地享受演出，如购票指南、着装建议、到场时间等。

**5. 个人推荐**
- 分享你个人最期待的演出及原因，可以是其中的一场或几场，增加文章的亲和力和说服力。
- 鼓励读者分享他们期待的演出，增加互动性。

**6. 结语**
- 简短总结，强调艺术和文化活动对提高生活质量的重要性。
- 鼓励读者积极参与到这些文化艺术活动中，体验和发现生活的美好。

**7. 调用行动**
- 鼓励读者订票参加自己感兴趣的演出，可以提供官方购票链接。
- 提醒读者关注公众号，获取更多演出资讯和推荐。

**锦囊妙计**

在输入关键词时，用户可以让 ChatGPT 扮演相关行业的从业人员，以保证创作文章的专业度与准确性。

**步骤 02** 创作文章内容。确定了大纲之后，用户可以让 ChatGPT 根据大纲生成每个部分的内容，逐渐完善这篇公众号推文。

在对话框中输入：**请根据上述大纲写一篇公众号文章，字数在 500 字左右。**

AI办公助手：ChatGPT+Office智能办公从入门到实践（80集视频课）

### ⑤ ChatGPT：

随着城市生活节奏的加快，我们越来越渴望在闲暇之余寻找一些精神食粮，而一场场精彩纷呈的演出无疑是最佳选择之一。这不仅仅是一次观赏的旅行，更是一次心灵的洗礼。接下来让我为大家推荐几场近期不容错过的演出，希望能为你的文化生活添上几抹亮色。

**经典话剧——《时间的皱折》**

首先要为大家推荐的是话剧《时间的皱折》。这是一部改编自同名畅销书的剧作，讲述了一群少年通过时空旅行拯救家人的故事。它不仅有着紧凑的剧情，更有深邃的含义，关于爱、勇气和成长的主题贯穿始终。演出日期定于本月15日至20日，地点在市文化中心大剧院，不容错过。

**现场音乐会——夜色钢琴曲**

如果你是一个音乐爱好者，那么"夜色钢琴曲"现场音乐会定会让你陶醉。这场音乐会将汇集国内外知名钢琴家，用琴键下的每一次跳跃，带领我们领略夜的静谧与美好。音乐会将在本月25日在市音乐厅举行，邀请你一同感受音乐的魅力。

（略）

---

**▌ 锦囊妙计 ▐**

好的标题可以吸引读者，提高公众号文章的点击率，因此可以让 ChatGPT 为文章生成一些可供选择的爆款标题，从中筛选出最合适的一款与文章搭配使用。

---

**步骤 03** 调整润色。在完成文章的撰写之后，可以继续使用 ChatGPT 来帮助检查文章中的语法错误和不流畅的表达，或者让它对文章进行润色或提供修改建议。

**在对话框中输入：能帮我检查一下上述文章中是否有语法错误吗？**

### ⑤ ChatGPT：

你的文章已经非常流畅和吸引人了，语法上没有明显的错误。这里是一些微小的建议，可以让文章更加完美。

1. 对于"演出日期定于本月15日至20日，地点在市文化中心大剧院，不容错过。"这句话，为了增强语句的连贯性，可以稍作调整，即"演出日期定于本月15日至20日，在市文化中心大剧院举行，这是一场不容错过的精彩演出。"

2. 在最后一段，"生活不只眼前的苟且，还有诗和远方的演出，我们在那里相遇。"这句话已经很有感染力了。唯一的建议是，为了与前文保持一致，可能需要明确"那里"指的是什么，或者简单地用"在演出中"来代替"在那里"，使句子更加清晰："生活不只眼前的苟且，还有诗和远方的演出，在这些演出中，我们相遇。"

---

**▌ 锦囊妙计 ▐**

公众号文章往往需要精心设计排版和视觉元素以增强内容的吸引力，ChatGPT 可以为用户提供一些关于公众号排版与美化的实用建议。

## 2.5.4　利用 ChatGPT 成为知乎达人

知乎为用户提供了一个分享知识、经验和见解的平台，覆盖了从科学、技术到生活日常等领域。在知乎上，用户可以提出问题、回答问题、编写文章或分享想法。借助 ChatGPT 广泛的知识库，用户可以整合跨领域的知识，轻松地进行提问与回答，成为知乎达人。

**1. 思维导图**

确定主题与问题 ───▶ 创作文章内容 ───▶ 定制与个性化

**2. 操作步骤**

ChatGPT 不仅能帮助用户撰写传统的文本文章，还能生成问答、指南、故事等多种格式的内容，同时依托丰富的知识库，成为用户进行知乎内容创作的强大助手。

**步骤 01**　确定主题与问题。在知乎社区，通常会以一个常见问题、热门话题、个人经验分享或对某个领域的深入分析来展开一篇文章，ChatGPT 可以给予用户提问的思路与灵感，帮助用户提出更吸睛的问题。

> **在对话框中输入：你是一位知乎博主，现在你需要以日常生活为主题帮我批量生成一系列点击率高的知乎问题，请以直接提问的方式提出 9 个问题。**
>
> **⑤ ChatGPT：**
>
> 1. 如何在忙碌的工作日中快速准备营养早餐？
> 2. 有哪些小户型居家装修的省空间技巧？
> 3. 如何利用周末时间使得个人更快地成长？
> 4. 哪些日常练习可以显著提高个人时间管理能力？
> 5. 如何在家创造一个适合办公的环境？
> 6. 有哪些实用的省钱生活小技巧值得分享？
> 7. 如何培养孩子的阅读兴趣？
> 8. 在家健身，有哪些效果好又不需要器械的训练方法？
> 9. 怎样的日常饮食习惯有助于提升免疫力？

**步骤 02**　创作文章内容。ChatGPT 可以根据用户选定的主题进行回答，用户可以在输入关键词时加入关于文章风格、字数、创作方向等方面的要求。

> **在对话框中输入：请以"如何利用周末时间使得个人更快地成长？"为主题创作一篇知乎文章，字数在 500 字以内，文章风格是科普，文章方向是实用技巧。请在文章中加入一些需要引导知乎用户参与讨论的元素，以鼓励他们在评论区互动。**
>
> **⑤ ChatGPT：**
>
> 我将分享一些实用技巧，帮助你充分利用周末时间。

### 1. 制订计划

成长始于有目标的计划。在周末到来之前,设定清晰的目标,比如想要完成的书籍阅读、在线课程学习或个人项目。明确的目标能帮助你有针对性地安排时间,避免周末时间被无意义的活动填满。

### 2. 早起开始

设定一个合理的起床时间,开始你的个人成长计划。早晨的时间通常较为安静,非常适合需要高度集中注意力的活动,如阅读、写作或思考。

### 3. 专注单一任务

在有限的时间里,专注于单一任务比分散注意力更能提高效率。比如,如果你选择了阅读,就尽量避免同时查看手机或计算机上的信息。专注于单一任务可以帮助你更快地完成任务,同时提高学习的质量。

(略)

**步骤 03** 定制与个性化。我们可以在文中加入个人经验或观点,让文章更具个性化和独特性。同时,可以根据自己的风格和目标读者的偏好,指导 ChatGPT 调整语言风格,比如更正式、更轻松、幽默或更具说服力。

**在对话框中输入:**我想在文章中加入一些个人经验,让内容更加贴近读者,不要分点叙述。

**⑤ ChatGPT:**

分享一些个人经历,希望能给你们带来灵感。

我曾是那种周末随意打发时间的人,直到我开始为自己制订具体的学习计划,比如利用一个周末完成一门在线课程。这样一来,我的学习变得有方向且高效。我也尝试将周末划分成不同的时间块——上午学习新技能,下午阅读和写作,晚上则是社交和放松时间。这种方法既帮助我高效利用时间,又保证了充足的休息。

最近,我决定学习数据分析——一个对我完全陌生的领域。尽管过程充满挑战,但它极大地拓宽了我的知识视野,提高了我解决问题的能力。每次阅读后,我都会尝试写下自己的感悟和总结,这不仅加深了我的理解,还锻炼了我的表达能力。周末的每个晚上,我都会花时间进行自我反思,这帮助我更清晰地认识到自己的成长路径,并为下一步的计划提供了方向。

以上是我的个人经验,同时我也希望聆听你们的故事。每个人的周末是如何度过的?你们有没有自己独特的成长技巧或习惯?在评论区留下你的故事吧,让我们共同探索如何使周末时间成为个人成长的宝贵机会。

**在对话框中输入:**调整一下上述内容的语言风格,要求更加幽默风趣和生活化。

**⑤ ChatGPT:**

让我给你们讲讲我的故事,也许能在你们的灵感账户里存点小钱。看,我曾是那种周

AI办公助手:ChatGPT+Office智能办公从入门到实践(80集视频课)

末就想"葛优躺"的人，直到我发现给自己定个小目标（听起来像是要买房一样严肃）竟然能让我的周末变得不一样。比如，我给自己定了个看似简单但对我这种懒人来说挑战极大的任务：利用一个周末把一门在线课程吃透。意外的是，这让我的学习不再像无头苍蝇，有了明确的方向和目的。

说到最近，我决定勇闯数据分析这一神秘领域——对我这种文科生来说，简直就是挑战自我智商的行为。虽然过程中跌跌撞撞，但它真的极大地开阔了我的眼界，让我在解决问题的能力上有了质的飞跃。每次读书后，我都会试着把收获写下来，不仅加深了理解，还意外发现自己竟然还有点文学细胞。

（略）

**◢ 锦囊妙计 ◣**

用户还可以在关键词中加入类似"邀请读者留言"这样的元素，以增强文章的互动性与参与感。

**步骤 04** 跟踪与反馈。在发布文章之后，用户可以跟踪读者的评论和反馈，然后再将这些反馈传达给 ChatGPT，让它继续帮忙进行必要的内容调整。

## 2.5.5　使用 ChatGPT 撰写豆瓣评论

豆瓣评论通常指用户在豆瓣网站对电影、书籍或音乐等的评分，以及附加的文字评论。这些评论可以帮助其他用户了解作品的质量和内容，为选择观看电影、阅读书籍或听音乐提供参考。使用 ChatGPT 撰写豆瓣评论是一个有趣且富有成效的过程，它可以帮助用户高效地创作出优质评论。

**1. 思维导图**

设定角色 ➡ 建立书评框架 ➡ 细化与个性化 ➡ 调整润色

**2. 操作步骤**

ChatGPT 可以帮助用户在短时间内撰写出内容丰富、结构完整的评论，同时能够提供多种写作风格和视角，创作出新颖、有趣的评论。

**步骤 01** 设定角色。用户可以根据评论对象的不同（书籍、电影、音乐等），先为 ChatGPT 赋予一个身份或角色，以提升它回答的质量。

在对话框中输入：你是一位读书博主，我想写一篇关于《边城》的书评，你需要我提供什么信息。

**⑥ ChatGPT：**

作为一位读书博主，在撰写一篇关于沈从文的《边城》的书评时，以下信息将非常有助于我为你提供更加精准和深入的帮助。

1. 你对《边城》的整体印象：这包括你对书的情节、风格、主题、角色，以及其他任何方面的看法和感受。你是如何理解书中的主要信息和主题的？

2. 书中最吸引你的部分：可以是某个特定的角色、情节发展、文学手法、描述的景象或书中的某个具体场景。告诉我哪部分让你印象深刻，以及为什么。

3. 你觉得书中有哪些不足之处：你在阅读过程中是否发现了书的某些方面让你感到不满意或困惑？这些不足之处是什么？

4. 你希望突出的特定主题或想法：在你的书评中，你可能想要强调《边城》中的特定主题或想法，比如关于爱情、自然、孤独、成长或文化背景等。

（略）

提供这些信息后，我就能帮助你构建一个既详尽又吸引人的《边城》书评框架，旨在捕捉并传达你对这部经典作品的独到理解和感受。

**步骤 02** 建立书评框架。在向 ChatGPT 提供了关于书籍的关键信息之后，它就能帮忙构建一个既详尽又吸引人的书评框架。

**在对话框中输入：** 我对书里描绘的湘西地区的风土人情以及作者对人性的描绘印象深刻。通过作者优美的笔触，我们仿佛置身美丽的边城，书中主角的善良坚韧和对生活的热爱深深打动了我，但面对命运的无助与无奈也让人遗憾与感叹。我希望通过这篇书评表达个人对《边城》的感受与见解。请根据这些信息构建一个简单的书评框架。

**ChatGPT：**

《边城》书评框架

**引言**
- 简要介绍《边城》及其作者沈从文。
- 表达你对书里描绘的湘西地区的风土人情以及人性的刻画的整体印象。

**风土人情的描绘**
- 分析书中是如何描绘湘西地区的自然景观和文化背景的。
- 强调作者如何通过优美的笔触让读者仿佛置身于美丽的边城，感受其独特的氛围。

**人物性格分析**
- 讨论书中主角的性格特点，特别是他们的善良、坚韧和对生活的热爱。
- 分析这些性格特点如何影响了故事的发展和读者的情感体验。

**人性与命运**
- 探讨书中对人性的深刻描绘，包括面对命运时的无助与无奈。
- 反思这些主题如何引发读者对自己生活和周围世界的思考。

**个人感受与见解**
- 分享你个人被书中哪些部分打动，以及这对你有什么特别的意义。
- 讨论你如何看待作者通过故事传达的信息和价值观。

**结论**
- 总结你对《边城》的整体评价和感受。
- 提出推荐该书给特定读者群体的理由，或者为何这本书值得更广泛的阅读与讨论。

**步骤 03** 细化与个性化。用户可以通过 ChatGPT 生成的文本为基础，加入更多的个人感受和独到的见解，包括与作品有关联的自身故事或经历，可以使评论更加生动和有吸引力。

> **在对话框中输入：能给我一个关于书中风土人情及人性刻画整体印象的描述示例吗？**

> Ⓢ **ChatGPT：**

这里是一个描述示例，你可以用它作为书评的一部分或灵感来源。

在沈从文的《边城》中，湘西地区的风土人情和对人性的细腻描绘构成了这部作品的灵魂。作者以其独特而优美的笔触，带领我们穿越至那遥远的边城，一个充满自然美景和人情味的地方。在这里，沈从文不仅描绘了一幅幅如画的景致，更深刻地挖掘了人与自然、人与人之间的深厚情感。

书中的主角们，他们的善良坚韧、对生活的热爱，以及他们在面对命运挑战时所展现的无助与无奈，都深深地打动了每个人。这不仅是因为他们的故事触动了我们的心弦，更是因为沈从文通过他们向我们展示了人性中最真挚、最美好的一面。即便是在最艰难的时刻，主角们依然保持着对美好生活的向往和追求，这种对生命的坚持和热爱，是如此的动人和鼓舞。

沈从文对湘西地区风土人情的描绘，让《边城》不仅是一部文学作品，更是一次深刻的文化之旅。他用细腻的笔触记录了那个时代边城人的生活方式、风俗习惯，以及他们与自然和谐共存的生活态度。这一切都使《边城》成了一个时空交错的窗口，让我们得以窥见那个遥远世界的美丽与哀愁。

（略）

**步骤 04** 调整润色。按上述步骤逐渐完成整篇书评之后，可以再次与 ChatGPT 互动，让它帮忙检查是否有语法错误或不准确的表达，寻求它的帮助进行润色和改进。

> ┌─ **锦囊妙计** ─┐
>
> 虽然 ChatGPT 可以帮助用户撰写豆瓣评论，但大家要避免对其过分依赖，在文章中多加入个人观点和真实感受可以使评论更有独创性与吸引力。

## 2.5.6 使用 ChatGPT 创作短视频脚本

短视频是现代社会一种主流的娱乐和信息获取方式，短视频创作也成了内容创作的新趋势。在拍摄短视频之前，可以通过 ChatGPT 来创作短视频脚本，提高短视频的拍摄效率与质量。

**1. 思维导图**

> 确定主题和目标 ⟶ 规划视频大纲 ⟶ 创作脚本内容 ⟶ 优化与润色

**2. 操作步骤**

ChatGPT 可以成为用户创作短视频脚本的助手，从提供创意、剧本开发到文本润色都能提供更好的帮助，从而有效地提高视频质量与创作效率，实现更好的传播效果。

**步骤 01** 确定主题和目标。主题是剧本创作的出发点，而了解目标观众的需求有助于为后续创作规划方向。

在对话框中输入：**我想制作一个关于早春穿搭的视频，目标观众是对穿搭感兴趣的女生。**

**⑤ ChatGPT：**

早春穿搭是一个非常受欢迎的主题。我们可以展示一些基本的穿搭技巧和一些吸睛的早春搭配，让新手观众能够轻松上手。

**步骤 02** 规划视频大纲。在开始写脚本之前，可以先让 ChatGPT 草拟一个大纲，概述视频的主要内容和结构，包括开头、中间、结尾等关键部分。

在对话框中输入：**我需要一个视频大纲。**

**⑤ ChatGPT：**

**视频大纲**

1. **引言**：简短介绍视频主题和为何早春穿搭重要。

2. **基本原则**：介绍早春穿搭的基本原则，比如层叠穿着的重要性、选择合适的材质和色彩。

3. **穿搭示例**：

● **休闲风**：搭配牛仔裤、轻薄针织衫和开衫。

● **办公室风**：介绍适合早春的职场装备，比如长裤、衬衫和轻薄外套的搭配。

● **约会风**：展示几套适合早春约会的装扮，突出春季的色彩和轻薄材质。

4. **配饰利用**：如何通过围巾、帽子和首饰等配饰增加穿搭的层次感和时尚感。

5. **结语**：总结早春穿搭要点，鼓励观众尝试并分享自己的早春穿搭。

**步骤 03** 创作脚本内容。用户可以通过 ChatGPT 根据大纲来细化脚本内容，包括撰写开头、发展故事情节、设计互动环节、完善结尾等。

在对话框中输入：**能帮我创作这个脚本的开头吗？**

**⑤ ChatGPT：**

**开头：**

[画面显示多种春季服装和配饰，随后转向主讲人]

**主讲人**："春天来了，你准备好迎接温暖的阳光和绚烂的花朵了吗？在这个视频中，我将和大家分享一些早春穿搭的小技巧，帮助你在这个季节既保持舒适又不失时尚。"

（略）

**步骤 04** 优化与润色。生成脚本初稿后，用户需要仔细审读脚本，看是否符合需求或者有需要改进的地方，如信息是否准确、语言是否流畅、格式是否需要调整等。

在对话框中输入：**对上述脚本进行调整，要求标出每个镜头所用的时长、画面内容和**

拍摄方式，如特写、固定镜头等。

**ChatGPT：**

视频总时长：5 分钟

1. 引言

- 时长：30 秒。
- 拍摄方式：特写。
- 画面内容：主讲人的脸部特写，展现其热情的表情，接着用平移镜头展示多种春季服装和配饰。
- 字幕／文案："春天来了，你准备好迎接温暖的阳光和绚烂的花朵了吗？在这个视频中，我将和大家分享一些关于早春的穿搭小技巧，帮助你在这个季节既保持舒适又不失时尚。"

2. 基本原则

- 时长：45 秒。
- 拍摄方式：固定镜头。
- 画面内容：主讲人站在服装和配饰展示区，旁边有示例图片或短视频，镜头间歇性切换到特写，展示材质细节。
- 字幕／文案："早春的天气多变，早晚温差大，所以层叠穿着是我们的秘密武器。选择一些轻薄的材质，比如棉和丝绸，让你在需要的时候能够轻松增减衣物。"

（略）

6. 配饰利用

- 时长：30 秒。
- 拍摄方式：特写。
- 画面内容：聚焦于模特使用的配饰，如围巾的纹理、帽子的款式、首饰的闪光点。
- 字幕／文案："不要忘了配饰的力量。一条漂亮的围巾、一顶时髦的帽子或一串亮眼的首饰，都可以让你的早春穿搭更上一层楼。"

7. 结语

- 时长：30 秒。
- 拍摄方式：特写。
- 画面内容：（主讲人的脸部特写，表情友好且鼓励性强），背景缓慢过渡为之前展示的穿搭示例。
- 字幕／文案："随着春天的脚步越来越近，希望这些穿搭小技巧能帮助你在早春季节既保持温暖又展现你的时尚态度。别忘了在评论区分享你的早春穿搭心得和照片，让我们一起迎接美好的春天。如果你喜欢这个视频，请给我点赞并订阅我们的频道，获取更多时尚穿搭灵感。感谢观看，我们下次见！"

┌─ **锦囊妙计** ─┐

　　在优化脚本内容时，可以考虑在脚本的每一部分都增加一些互动元素，比如问观众他们的早春必备单品是什么，以提升观众的参与感。

## 2.5.7 使用 ChatGPT 撰写直播带货脚本

随着互联网的普及和快速发展，以及人们消费观念的转变和媒介技术的不断革新，直播带货掀起了一股浪潮。人们可以利用 ChatGPT 来撰写直播带货脚本，这样不仅能提高直播的专业度和效率，还能在竞争激烈的直播市场中脱颖而出，吸引更多的观众。

### 1. 思维导图

确定主题和目标 ⟶ 收集产品信息 ⟶ 撰写脚本大纲 ⟶ 撰写脚本内容 ⟶ 调整润色

### 2. 操作步骤

ChatGPT 能够根据直播需求快速生成脚本的草案，也可以根据反馈和需要对脚本内容进行调整，在它的帮助下，我们可以创作出优秀的直播带货脚本，从而辅助直播流程的顺利进行并实现较好的卖货效果。

**步骤 01** 确定主题和目标。我们需要先确定直播带货的核心主题，比如是美妆产品、科技产品还是生活用品，然后考虑目标观众是谁以及他们的兴趣点、购买习惯等，以便定制合适的直播内容。

在对话框中输入：**我打算做一个直播，主题是春季户外运动装备推荐。**

**⑤ ChatGPT：**

很好，考虑到春季的特点，我们可以聚焦于轻便、防水和多功能性这几个方面。你想重点推荐哪些产品？

在对话框中输入：**我想推荐一款轻便型帐篷、一款防水透气的运动外套和一款多功能背包。**

**步骤 02** 收集产品信息。我们可以把所有带货产品的详细信息，包括产品特点、使用方法、价格优惠等告诉 ChatGPT 或者让它帮助我们找出产品的独特卖点。

在对话框中输入：**能帮我构思一下如何介绍这三款产品吗？**

**⑤ ChatGPT：**

当然。对于轻便型帐篷，我们可以强调它的便携性和快速搭建的特点；防水透气运动外套，我们重点介绍它的材质优势和舒适度；多功能背包，则强调它的存储空间和特殊设计，如防水隔层等。

**步骤 03** 撰写脚本大纲。为了更好地撰写脚本内容，我们可以先让 ChatGPT 生成一个直播脚本大纲。

AI办公助手：ChatGPT+Office智能办公从入门到实践（80集视频课）

在对话框中输入：**请给我应该直播脚本的大纲。**

**⑤ ChatGPT：**

1. **开场白**：介绍自己和直播主题。
2. **产品介绍**：
● **轻便型帐篷**：特点、使用场景。
● **防水透气运动外套**：材质介绍、适合的户外活动。
● **多功能背包**：存储设计、特殊功能。
3. **互动环节**：观众提问，分享户外经验。
4. **结尾感言**：总结产品优点，提醒关注和购买信息。

**步骤 04** 撰写脚本内容。我们可以让 ChatGPT 根据大纲填充具体的脚本内容，包括每部分的具体说辞、产品介绍的详细信息、互动话术等。

在对话框中输入：**请帮我写一段开场白。**

**⑤ ChatGPT：**

"大家好，欢迎来到我们的直播间！我是今天的主播 [ 主播名字 ]，非常高兴和大家一起分享一些精选的春季户外运动装备。无论你是徒步旅行的爱好者，还是露营的热衷者，相信今天的推荐会让你的户外活动更加轻松愉快。不要忘了，直播结束时我们还有惊喜互动环节，敬请期待！"

（略）

▶ **锦囊妙计** ◀

在脚本中可以加入故事、案例或个人体验，让产品介绍更有温度，同时准备一些应对突发情况的标准回复，如技术问题、常见问题的答案等。

**步骤 05** 调整润色。如果 ChatGPT 生成的直播草案结构不够清晰，那么用户可以继续要求它按需求进行调整，比如详细规划每个环节的开始时间和时长等，以确保直播内容丰富且有条不紊。

在对话框中输入：**请以直播脚本的标准格式对上述脚本内容进行调整，要求补充直播主题、开播时间、直播时长，在直播流程中注明每个环节的开始时间与时长。**

**⑤ ChatGPT：**

**直播主题：春季户外运动装备推荐**
**开播时间**：2024 年 3 月 30 日 20:00
**直播时长**：约 45 分钟
**直播流程**
20:00 — 20:05 | 开场白（5 分钟）

**内容**：介绍主播、直播主题，简短说明直播内容和互动环节预告。

**镜头**：主播特写，背景为户外运动装备展示区。

**主播**："大家好，欢迎来到今晚的直播间！我是 [ 主播名字 ]，今天带给大家的是春季户外运动装备推荐。无论你是徒步、露营还是山地骑行的爱好者，相信今晚的分享会让你的户外活动更加舒适和安全。别忘了，直播结束还有惊喜互动环节哦，敬请期待！"

**20:05 — 20:15 | 产品介绍一：轻便型帐篷（10 分钟）**

**内容**：介绍帐篷的特点、使用场景、快速搭建帐篷的技术和帐篷的防水性能。

**演示**：展示帐篷实物，演示快速搭建过程。

**镜头**：产品特写、使用演示过程中的跟随镜头。

（略）

**20:40 — 20:45 | 结尾感言（5 分钟）**

**内容**：总结推荐产品的优点，提醒观众关注和购买信息，预告下一次直播主题。

**镜头**：主播特写，背景渐变为感谢词和购买链接。

**主播**："非常感谢大家今晚的陪伴，希望我的分享对你们有所帮助。如果你对我们今天推荐的任何一款装备感兴趣，可以点击直播间下方的购买链接哦。祝大家有一个愉快的户外旅行，我们下次直播再见！"

---

**◈ 锦囊妙计 ◈**

（1）用户可以把调整过后的脚本大纲复制、粘贴到 Word 里，将其以表格的形式进行呈现，这样会使整个直播流程的安排看上去更为清晰明了。

（2）在正式直播前，可以通过实际演练找出脚本中可能存在的问题，然后借助 ChatGPT 继续修改，从而熟悉整个流程，提高直播时的自信和流畅度。

## 2.5.8　使用 ChatGPT 撰写旅游攻略

旅游攻略是帮助人们更好地规划和享受旅行的一系列旅游相关信息和建议集合，可以帮助旅行者规划行程，提升旅行体验。ChatGPT 可以为用户提供更为个性化、更新鲜、高效且内容丰富的旅行规划服务，提升用户的旅行体验。

**1. 思维导图**

$$询问具体要求 \longrightarrow 提供具体信息 \longrightarrow 调整风格与优化$$

**2. 操作步骤**

ChatGPT 可以成为用户规划旅行的强大工具，它能够快速提供个性化、全面、最新的旅游规划信息，为用户节省时间并提供灵活性和易用性的方案。

**步骤 01** 询问具体要求。如果想要更加详细且贴合自身实际需求的旅游攻略，可以给 ChatGPT 设定一个身份，然后向它询问需要提供的具体信息。

在对话框中输入：**你是一名导游，我想要去上海旅游，需要你帮我提供一份旅行攻略，**

我需要向你提供什么信息?

## ⑤ ChatGPT:

当然,很高兴帮助你规划上海之旅!为了提供一个符合你需求的旅行攻略,以下是一些有帮助的信息。

1. **旅行时间**:你打算什么时候去上海?你在上海的停留时间有多长?

2. **兴趣点**:你对哪些类型的景点感兴趣?例如,历史遗迹、现代建筑、公园和花园、艺术和文化、购物区等,有无特定想要参观的地方?

3. **预算范围**:你对住宿、餐饮和其他活动的预算是怎样的?你希望保持经济型旅游,还是愿意为特别的体验花费更多?

4. **饮食偏好**:你有无特定的饮食限制或偏好?例如,你是否想尝试当地的特色菜肴?

(略)

┌─ **锦囊妙计** ┐

如果不在关键词中询问需要向 ChatGPT 提供的信息,那么 ChatGPT 可能会直接生成一个较为笼统的旅游攻略。

**步骤** 02 提供具体信息。在向 ChatGPT 提供具体的信息之后,ChatGPT 就可以根据用户的需求和偏好提供较为具体的旅游攻略了。

在对话框中输入:**我计划 5 月份去上海,停留 3 天,对现代建筑、艺术文化、购物等比较感兴趣,特别想要参观的地方是迪士尼,预算是 5 000 元人民币左右,希望可以品尝到有当地特色的菜肴,我对上海本地的交通不太熟悉。请根据以上信息,为我制定一份详细的旅游攻略。**

## ⑤ ChatGPT:

基于你的需求和兴趣,我为你准备了一份为期 3 天的上海旅行攻略。考虑到你的预算、兴趣点及探索当地美食的愿望,这份攻略旨在帮助你充分体验上海的魅力。

**第 1 天:现代建筑与艺术文化探索**

**上午:陆家嘴金融区**

● **行程**:探索上海的天际线,包括东方明珠塔、上海中心大厦和环球金融中心。

● **建议**:购买上海中心大厦的观光票,从中国最高的建筑之一的观光层俯瞰全城。

**中午:南京东路**

● **行程**:前往南京东路享用午餐。

● **美食推荐**:尝试"小杨生煎",享用正宗的上海生煎包。

**下午:外滩艺术带**

● **行程**:探索当地的艺术画廊和博物馆,如上海美术馆和当代艺术博物馆。

● **体验**:参观外滩源区域,这里汇聚了许多精致的艺术品店和咖啡馆。

**晚上:黄浦江夜游**

● **行程**:参加黄浦江夜游,欣赏两岸的灯光秀。

- **建议**：提前预订船票，确保获得最佳观赏位置。

**第2天：迪士尼乐园全日游**

**全天：上海迪士尼乐园**

- **购票**：提前在线购买门票和快速通行证，以避免现场排队。
- **景点推荐**：奇幻童话城堡、加勒比海盗、创极速光轮等。
- **美食推荐**：在乐园内尝试有上海特色的迪士尼美食，如烤鸭比萨或小笼包。

（略）

**交通建议**

- **使用公共交通**：下载"上海地铁"App，帮助你规划路线和时间。
- **打车**：使用滴滴出行App进行打车，方便快捷。

┏━ **锦囊妙计** ┓

　　如果ChatGPT给出的攻略不够完整，例如缺少了住宿安排等，可以继续通过对话的形式让它进行补充。

**步骤 03** 调整风格与优化。若用户需要在新媒体平台上发布这个旅游攻略，还可以要求ChatGPT根据该平台的风格对攻略的内容和格式进行调整。

　　在对话框中输入：**我想要在小红书平台上发布这份攻略，请帮我按照小红书平台上用户的喜好与风格对上述攻略进行调整。**

**ChatGPT：**

**【上海3日游】迷人都市与迪士尼梦幻之旅**

　　大家好！我刚从一场精彩的上海之旅归来，现在就和大家分享我的攻略，希望能给计划去上海的你一些灵感和帮助！

**Day 1 - 探索城市的心跳**

- **陆家嘴金融区**：上海的标志性天际线，其中不得不提的是上海中心大厦，俯瞰全城的视角让人震撼！小贴士：上午去人较少，光线也很适合拍照！
- **南京东路午餐**：在这里，我尝试了传说中的小杨生煎，外皮酥脆、汁多味美，绝对是旅行中的美食打卡点。
- **外滩艺术带下午茶**：沿着外滩走，感受这座城市的文化气息。不经意间走进了一家隐藏在老建筑中的艺术咖啡厅，是个拍照和休息的好地方。
- **黄浦江夜游**：晚上的黄浦江两岸灯光璀璨，夜游船上的风景别有一番风味，是结束这一天的完美选择。

（略）

┏━ **锦囊妙计** ┓

　　在生成攻略之后，依然可以借助ChatGPT来对攻略中不满意的细节进行调整，反复迭代优化，直到整篇攻略完全符合自己的需求。

# 2.6 职场提升

## 2.6.1 使用 ChatGPT 优化个人简历

在求职时，一份优质的简历有助于用户更好地展示自己的长处，从而在求职过程中脱颖而出。ChatGPT 可以协助用户进行个人简历的制作与优化，有效提升简历的质量。

### 1. 思维导图

创建简历模板 → 获取优化建议 → 调整格式与布局 → 获取反馈和迭代

### 2. 操作步骤

ChatGPT 可以帮助用户根据申请的具体职位来定制简历，同时还能帮助用户优化简历的文本质量，提升简历的语言表达，使其更加清晰、精准，确保简历的布局逻辑清晰、易于阅读。

**步骤 01** 创建简历模板。在优化简历之前，用户需要将准备好的简历初稿提供给 ChatGPT。如果没有简历初稿，可以先让 ChatGPT 帮忙创建一份简历模板。

在对话框中输入：你是一名求职顾问，我需要准备一份简历初稿，我的专业是视觉传达设计，毕业学校是 ×× 美术学院，目标职位是美术编辑。请帮我准备一份简历模板。

**ChatGPT：**

[你的全名]

[你的地址] | [你的城市，邮编]

[你的电子邮箱] | [你的电话号码] | [如果有的话，加上你的 LinkedIn 或个人网站]

**个人简介**

[在这里，写一两句话介绍你自己，包括你的专业背景和为什么你适合美术编辑的职位。突出你的设计理念、技能，以及你希望在新职位实现的目标。]

**教育背景**

×× 美术学院 — 视觉传达设计专业

[毕业时间，如：YYYY 年 MM 月]

[突出任何相关的课程、项目、荣誉或奖项]

**工作经验**

美术编辑 — [公司名称]（如果有相关经验）

[开始时间 — 结束时间]

- 负责设计和制作创意视觉内容，满足出版标准和目标受众的需求。
- 与编辑团队密切合作，确保视觉设计与内容策略一致。
- 管理和指导项目从概念到完成的整个设计过程，确保项目按时按质完成。

**技能**

- 熟练掌握 Adobe Creative Suite（Photoshop、Illustrator、InDesign）。
- 强大的视觉设计能力，注重细节。

- 出色的时间管理和项目管理技能。
- 良好的团队合作精神和沟通能力。

**项目 / 作品集**

- 项目名称 [ 使用日期 ]
- 简要描述项目及你的角色。如果可能，可以包括项目的成果或影响。
- 个人作品集网站 [ 如果有的话，包括你的在线作品集链接 ]

**附加信息**

[ 如果有的话，包括语言能力、志愿服务、专业会员资格等 ]

┌ **锦囊妙计** ┐

　　拿到模板后，用户可以根据提示填入符合自身实际情况的信息，如果在该步骤有任何疑惑，可以让 ChatGPT 举一个具体的填写例子来作为参考。

　　**步骤 02** 获取优化建议。用户可以分步让 ChatGPT 针对简历中具体的某个部分进行修改和优化，包括语言与表达方式等，让简历更有吸引力。

在对话框中输入：**这是我关于工作经历的部分描述：""协助编辑团队制定视觉策略""，我该如何改进它？**

**ChatGPT：**

　　为了使这部分描述更加具体和引人注目，可以考虑添加一些详细信息，说明你是如何协助编辑团队的、采取了哪些具体行动，以及这些行动带来了什么样的结果或影响。下面是一个改进后的例子。

　　"密切与编辑团队合作，采用数据驱动的方法制定创新视觉策略，通过市场趋势分析和读者反馈优化视觉内容。此策略成功提升了出版物的用户参与度和社交媒体互动量，平均增长率达到了 25%。"

　　这个改进版不仅具体说明了你在团队中的角色和采取的行动，还展示了你的工作成果，使得这部分描述更有说服力。

在对话框中输入：**我该如何展示我的成就以获得更好的效果？**

**ChatGPT：**

　　为了更有效地展示你的成就并获得更好的效果，你应该考虑使用具体的数据和成果来量化你的贡献。这种方法可以提供明确的证据来支持你的能力和成绩，使招聘经理更容易了解你对前一个团队或项目的影响。

┌ **锦囊妙计** ┐

　　在这一步也可以让 ChatGPT 帮助检查简历中是否存在语法和拼写错误，以提升简历的专业度与严谨性。

步骤 03 调整格式与布局。简历的格式与布局至关重要，ChatGPT 可以为用户提供一些排版上的建议，以确保简历既美观又易于阅读。用户可以根据它提供的建议，在 Word 或者 WPS 文档中进行调整和细化，包括字体选择、标题大小、边距设置等。

> 在对话框中输入：**请为我提供一些关于简历格式和布局的建议。**

> ⑤ ChatGPT：
>
> 保持简历的清晰和专业，使用标准字体（如 Arial 或 Calibri），字号保持在 11 ~ 12pt；确保你的联系信息清晰可见，对于每次的工作经历，使用反向时间顺序（最近的经历放在最前面）；使用清晰的标题区分各个部分，如"工作经历""教育背景""技能"。

步骤 04 获取反馈和迭代。在完成每一步优化后，可以向 ChatGPT 请求反馈，看看还有哪些地方可以改进，不断迭代，直到对简历的内容和形式都感到满意。

┌─ 锦囊妙计 ─┐

如果申请的行业有特定的简历写作规范或偏好，可以询问 ChatGPT 关于这方面的建议。

## 2.6.2 使用 ChatGPT 模拟面试情境

面试是求职过程中至关重要的一步，好的面试表现可以提升用户获得心仪职位的机会。ChatGPT 可以为用户提供面试所需的准备和策略，它不仅可以答疑解惑，还能够生成文本、提供建议和模拟对话，让用户在面试中更好地展现自己，提高获得工作机会的概率。

**1. 思维导图**

准备面试问题 ➝ 获取回答示例 ➝ 模拟面试情境 ➝ 提升面试技巧

**2. 操作步骤**

ChatGPT 可以模拟用户在面试时可能遇到的问题，帮助用户熟悉面试的过程，同时可以即时评估用户给出的答案的质量，并提供改进建议。

步骤 01 准备面试问题。首先明确想要求职的职位，然后让 ChatGPT 生成和职位相关的常见面试问题供用户参考。

> 在对话框中输入：**列出一些关于新媒体运营的技术面试问题。**

> ⑤ ChatGPT：
>
> 以下是一些可能会出现的技术面试问题。
>
> 1. 你如何使用数据分析来指导你的新媒体运营策略？请提供一个具体的例子。
>
> 2. 描述你创建的一次最成功的社交媒体内容或活动。为什么它会成功？你是如何衡量成功的？

3. 根据你的经验，不同的社交媒体平台（如微博、微信、抖音、快手等）在内容策略和用户互动上有哪些主要差异？

（略）

■ 锦囊妙计 ▪

在输入关键词时，可以告诉 ChatGPT 要参加的面试类型是什么，如行为面试、技术面试、压力面试等，有助于它提出更适用于这个情境的问题。

**步骤 02** 获取回答示例。继续向 ChatGPT 询问关于面试问题的回答示例，作为参与真正面试时的参考。

在对话框中输入：**我在面试时应该如何回答上述问题？**

⑤ ChatGPT：

**1. 问题：** 你如何使用数据分析来指导你的新媒体运营策略？请提供一个具体的例子。

**回答示例：** 在我的上一份工作中，我负责一个新产品的市场推广活动，目标是提高品牌在年轻受众中的知名度。我首先使用 Google Analytics 和社交媒体平台的内置分析工具来监测我们的初期内容发布的效果，特别关注用户的参与度和转化率。

我发现，虽然视频内容的观看次数较高，但真正导致网站转化的却是深度文章和用户评价。基于这一发现，我调整了我们的内容策略，增加了更多案例研究和用户反馈的分享，同时优化了我们的调用行动（CTA）设计，以提高用户参与度和转化率。

经过这次策略调整，我们观察到网站的转化率提高了 35%，社交媒体上的互动率也有了显著增加。这个例子清楚地表明通过定期分析数据并据此调整策略的重要性。

（略）

■ 锦囊妙计 ▪

用户还可以把自己准备的答案告诉 ChatGPT，让它对此进行评估和提出反馈建议。

**步骤 03** 模拟面试情境。让 ChatGPT 生成面试的情境，让它扮演面试官和面试者的角色来进行一些问答，帮助用户提前熟悉整个面试的话术与大致流程。

在对话框中输入：**请帮我模拟一次新媒体运营的面试场景，并给出相应的回答。**

⑤ ChatGPT：

好的，我会基于典型的新媒体运营面试问题给出一套模拟回答。这些回答将结合新媒体运营的基本知识和一些通用的最佳实践。你可以根据自己的实际情况调整或改进这些回答。

**面试官：** 首先，感谢你今天来参加面试。能简单介绍一下你自己，以及为什么对这个新媒体运营的职位感兴趣吗？

**模拟回答：** 谢谢您提供的机会。我是一名新媒体运营专业的应届毕业生，对数字营销和社交媒体内容创作有浓厚的兴趣。在校期间，我主动参与了多个社交媒体项目，负责内容创作、数据分析和用户互动等环节。我对这个职位感兴趣是因为我认为自己的技能和兴趣能够为贵公司带来新鲜的视角和有效的运营策略，同时我也希望能在实践中不断学习和成长。

**面试官**：谢谢你的介绍。我看到你之前有一些相关的工作经验。能分享一下你在新媒体运营方面最成功的一个项目吗？具体是怎么做的？

**模拟回答**：当然，我在实习期间负责了一个微信公众号的增长项目，我的目标是在 3 个月内提升粉丝数和提高用户互动率。首先，我通过市场调研确定了目标受众的偏好，并根据这些信息制定内容策略。然后，我运用 SEO 技巧优化了文章标题和关键字，以提高搜索曝光率。同时，我还组织了几场互动活动，鼓励用户分享和评论。通过这些策略，公众号的粉丝数量在 3 个月内增长了 30%，用户互动率也有了显著提升。

（略）

---

**锦囊妙计**

在这一步，用户也可以要求 ChatGPT 只扮演提出问题的面试官，然后自己根据 ChatGPT 提出的问题进行回答，回答问题后，可以让 ChatGPT 基于回答给出反馈或建议，帮助用户改进。

---

**步骤 04** 提升面试技巧。在模拟面试之后，还可以向 ChatGPT 询问一些关于面试的注意事项、行业最新动态和专业知识等，以帮助用户迅速提升面试技巧，扩充专业知识，为达到最佳的面试效果打好基础。

**在对话框中输入**：**在进行自我介绍时，有哪些技巧或者注意事项？**

**⑤ ChatGPT：**

在进行自我介绍时，掌握一些技巧和注意事项可以帮助你给面试官留下良好的第一印象，以下是一些关键点。

**1. 简洁明了**

● **时长控制**：通常情况下，自我介绍的时长应控制在 1 ～ 2 分钟之内。过长可能会让听者感到厌烦。

● **关键信息**：突出你的名字、目前的职业或职位，以及你为什么对这个机会感兴趣。

**2. 结构清晰**

● **开头**：快速介绍自己的基本信息，如姓名和当前的工作或学习状态。

● **中间**：突出你的专业技能、相关经验和成就。这部分应与你申请的职位相关联。

● **结尾**：表达你对职位或机会的热情，以及你为什么是合适的人选。

（略）

## 2.6.3 使用 ChatGPT 进行职业规划

在工作中，用户总是在不断调整职业规划，而合理的职业规划关乎未来的发展、生活质量与个人满足感。ChatGPT 可以为用户提供职业规划上的支持，助力用户实现职业目标。

1. 思维导图

进行自我评估与规划 ━➤ 获取行业信息 ━➤ 进行职业方向测评

2. 操作步骤

ChatGPT 可以根据用户的兴趣、技能、教育背景等来帮助用户规划职业路线，同时可以提供行业信息和职业方向测评等支持，帮助用户做出更加明智的职业选择。

步骤 01 进行自我评估与规划。向 ChatGPT 描述自己的兴趣、技能、教育背景及任何相关的工作经验，并且询问哪些职业路径可能适合自己的个人资料。

在对话框中输入：**你是一位职业规划师，我想让你帮我进行职业规划。**

ChatGPT：

很高兴你来咨询职业规划！为了更好地帮助你，我需要了解一些关于你的信息。

1. 当前的职业状况：你现在从事什么工作？你对当前的工作满意吗？

2. 职业兴趣和目标：你对哪些领域感兴趣？有没有特定的职业目标或梦想？

3. 技能和经验：你有哪些专业技能和工作经验？是否有任何特殊的技能或证书？

4. 教育背景：你的教育水平是怎样的？有没有相关领域的学位或证书？

（略）

在对话框中输入：**我对艺术、设计比较感兴趣，就读于 ×× 美术学院，专业是视觉传达设计，即将毕业。**

ChatGPT：

毕业后进入职场，我建议你考虑以下几个方面来规划你的职业生涯。

1. 确定职业方向

● 广告与品牌设计：如果你对品牌形象构建和广告创意有兴趣，可以考虑这个方向。

● 用户界面与用户体验设计：对于对技术和用户体验有兴趣的设计师，这是一个不断发展的领域。

● 插画与图形设计：如果你喜欢绘画和创造视觉艺术，这个方向可能适合你。

● 包装设计：适合那些对产品包装和品牌传达感兴趣的设计师。

● 动画与视觉效果：如果你对动画制作和电影视觉效果感兴趣，可以考虑进入这个行业。

2. 技能提升

● 软件技能：确保你熟练掌握与设计相关的软件，如 Adobe Creative Suite（Photoshop、Illustrator、After Effects 等）。

● 编程基础：对于 UI/UX 设计师，了解前端开发的基础（如 HTML、CSS 和 JavaScript）会是一个加分项。

3. 建立作品集

● 展示多样性：确保你的作品集展示了你的技能范围，包括不同的项目和风格。

● **高质量项目**: 选择你最自豪的工作来展示，作品集的质量比数量更重要。

● **在线展示**: 建立一个在线作品集网站，让潜在的雇主和客户可以轻松地看到你的作品。

（略）

**步骤 02** 获取行业信息。当对某个特定的职业方向感兴趣时，可以向 ChatGPT 获取这个行业的最新动态与发展趋势，作为求职时的参考。

在对话框中输入：**我想了解一下动画与视觉效果的行业趋势和发展前景？**

**⑤ ChatGPT：**

以下是一些当前和未来动画与视觉效果行业的主要趋势和发展前景。

**技术创新**

● **虚拟制作技术**: 受到《曼达洛人》等作品的影响，虚拟制作（使用实时背景而非后期添加）变得越来越流行。

● **人工智能（AI）和机器学习**: AI 正被用来自动化一些动画和视觉效果的制作流程，提高效率，创造更加复杂的效果。

● **高帧率（HFR）和高动态范围（HDR）**: 随着技术的发展，更高质量的视觉输出成为可能，为观众提供更加沉浸式的观看体验。

**市场趋势**

● **内容消费的增加**: 随着流媒体平台的兴起和全球互联网用户的增加，对高质量动画和视觉效果的需求日益增长。

● **多样化应用领域**: 动画和视觉效果不再局限于传统媒体，而是扩展到视频游戏、模拟训练、VR 和 AR 体验等多个领域。

● **全球化生产**: 动画和视觉效果的生产越来越全球化，许多项目可以在世界各地的工作室协作完成。

**职业发展前景**

● **广泛的职业机会**: 从传统动画师和视觉效果技术专家到 VR/AR 内容创造者和技术创新者，职业路径多样化。

（略）

**步骤 03** 进行职业方向测评。作为强大的语言模型，ChatGPT 还可以模拟各种职业测评工具，帮助用户进一步探索和了解自己的职业倾向。

在对话框中输入：**你可以帮我进行职业测评吗？**

**⑤ ChatGPT：**

**职业兴趣自我评估**

请针对以下 6 个领域，评估你的兴趣程度（1 ~ 5 分，1 分表示不感兴趣，5 分表示非常感兴趣）：

**1. 现实型（R）**: 偏好具体、物理性的活动，如手工艺、运动、使用工具和机械。

2. 研究型（I）：偏好观察、学习、分析、评估或解决问题。

3. 艺术型（A）：偏好与艺术、设计、音乐或创造性表达相关的活动。

4. 社会型（S）：偏好帮助他人、提供信息、解决问题、培训、发展或治疗。

5. 企业型（E）：偏好影响他人、达成目标、领导或管理。

6. 常规型（C）：偏好有序、规则明确的活动，如数据管理、记录维护或财务分析。

（略）

┌─ **锦囊妙计** ─┐

　　ChatGPT 虽然可以进行基本的职业兴趣和能力自我评估，但对于深入的职业发展规划，可能还需要更专业的测评工具和职业规划师的指导。

## 2.6.4　使用 ChatGPT 打造个人品牌

个人品牌是指一个人在公众眼中塑造的独特形象和身份，它反映了个人的价值观、能力、经验和个性。ChatGPT 可以帮助用户高效地构建和强化品牌形象，树立个人的影响力，为自己赢得更多机会。

**1. 思维导图**

定位与自我分析 ——→ 确立品牌目标 ——→ 分析与优化

**2. 操作步骤**

ChatGPT 可以为用户提供关于个人品牌建设的各种建议，涵盖了从策略规划到内容创作，再到持续学习的多个方面，帮助用户提高核心竞争力。

步骤 01　定位与自我分析。明确自己的独特之处可以让 ChatGPT 帮助用户更准确地定位个人的核心价值和优势，并由此给出合理的个人品牌建设的建议。

在对话框中输入：**我是一名财务规划师，擅长简化复杂的投资概念，使之易于理解，请帮我做个人品牌定位的自我分析。**

　　ChatGPT：

以下是基于你提供信息的个人品牌定位自我分析。

**个人品牌核心**

● **专业身份**：作为一名财务规划师，你拥有专业的财务知识和规划能力，这是你个人品牌的核心。

● **独特优势**：你擅长将复杂的投资概念简化，使之易于理解。这种能力对初学者和非专业人士而言极具吸引力，因为它满足了他们轻松学习和理解财务知识的需求。

**目标受众分析**

● **年轻的专业人士**：此群体可能刚刚开始关注自己的财务规划和投资，寻求易于理解和实施的建议。

- **财务知识初学者**：对于那些对投资和财务规划感到困惑或感觉有压力的人，你可以提供清晰、易行的指导。
- **有求知欲的人**：那些积极寻求改善财务状况并愿意学习的人，会特别看重你的知识和建议。

（略）

**步骤 02** 确立品牌目标。在对自己有了更深的认知之后，便可以设定与之相符的个人品牌目标，ChatGPT 可以帮助用户明确个人品牌的目标。

**在对话框中输入**：请根据我的个人品牌分析帮我设定个人品牌目标。

**⑤ ChatGPT：**

基于你作为一名擅长简化复杂投资概念的财务规划师的个人品牌分析，以下是为你设定的个人品牌目标：

**短期目标（1～6个月）**

**1.建立在线内容库**：创建并发布一系列旨在简化投资和财务规划概念的高质量内容。目标是每周至少发布一篇博客文章或一个视频。

**2.增强社交媒体活跃度**：在主要社交媒体平台（如 LinkedIn、Twitter）上定期发布相关信息，每天至少一次。重点是分享财务小贴士、市场快讯和简短的投资策略解读。

**3.构建初步受众基础**：通过提供有价值的内容和在社交媒体上的积极互动，争取在6个月内吸引 1000 名跟随者。

**中期目标（6～12个月）**

**1.扩大受众覆盖范围**：通过优化搜索引擎（SEO）策略和利用社交媒体广告，扩大你的内容覆盖范围和受众基础。

**2.启动个人品牌网站**：建立一个专业的个人网站，用于展示你的博客文章、视频内容，以及提供财务咨询服务。

**3.建立邮件订阅列表**：通过提供电子书、投资策略指南等免费资源，鼓励访客订阅你的邮件列表，以便直接将最新内容和相应的更新内容发送给他们。

**长期目标（1年以上）**

**1.成为领域内的权威人物**：通过持续提供高质量的内容和参与行业讨论，建立作为财务和投资领域内权威人物的声誉。

**2.扩展服务和产品线**：根据受众需求，开发在线课程、一对一咨询服务或投资工具，为你的个人品牌创造额外的收入流。

**3.建立合作伙伴关系**：与金融机构、教育平台和其他财务规划师建立合作关系，扩大你的影响力和业务范围。

**步骤 03** 分析与优化。在打造个人品牌时，可以利用社交媒体平台的分析工具或者 ChatGPT 来监测自己网络平台的内容表现，找出哪种类型的内容最能引起受众兴趣，并据此调整发布策略。

在对话框中输入：你可以对我的个人公众号进行分析与优化吗？

ChatGPT：

要对你的个人公众号进行分析和提出优化建议，我会先提出一些通用的分析框架和优化策略，你可以根据这些策略来评估和改进你的公众号。不过，具体的分析需要具体的数据和内容进行评估，这里我提供的是基于一般情况的建议。

**分析框架**

**1. 内容分析**

- **质量**：评估内容的深度、准确性和可读性。
- **相关性**：内容是否符合目标受众的兴趣和需求？
- **多样性**：是否提供多种形式的内容（如图文、视频、音频）来吸引不同偏好的受众？

（略）

**优化策略**

**1. 提高内容质量和相关性**

- 定期发布高质量和高相关性的内容，以增强受众的忠诚度和参与度。
- 利用数据分析工具来了解哪些类型的内容最受欢迎，然后调整内容策略。

**2. 增加内容多样性**

- 探索不同的内容形式，例如引入视频教程、实时问答或者专题访谈，以吸引和保持更多受众的兴趣。

（略）

**◖锦囊妙计◗**

用户还可以与 ChatGPT 共同创作、打磨属于自己的个人品牌故事，增强个人影响力，同时也可以让 ChatGPT 为自己提供在社交媒体、博客或公开演讲中分享故事的策略和技巧等。

## 2.6.5　使用 ChatGPT 制订财务计划

个人财务计划对实现财务安全和达成长期目标至关重要，它不仅可以帮助用户更好地管理当前的财务状况，还能确保用户未来的财务健康。ChatGPT 可以充当用户的财务规划助理，帮助用户评估自己的财务状况、设定明确的目标并制订合适的财务计划。

**1. 思维导图**

明确财务目标 ➡️ 个人财务评估 ➡️ 获取财务规划建议

**2. 操作步骤**

ChatGPT 可以在预算制定、储蓄策略、投资规划、保险需求分析、退休规划等多个方面提供建议，为用户制订个人财务计划提供参考。

**步骤 01**　明确财务目标。明确的财务目标为财务行为提供了方向，是财务规划的基石，可以帮助用户更有效地管理自己的财务未来。

在对话框中输入：**我是一名软件工程师，希望能够更好地管理个人财务，为未来做计划，请帮我明确我的财务目标。**

> ⑤ **ChatGPT：**

作为一名软件工程师，你很可能拥有稳定的收入和一定的技术背景，这为管理个人财务和规划未来提供了良好的基础。让我们一步步来明确你的财务目标，你可以根据自己的情况调整或补充这些建议。

**1. 紧急基金建立**

紧急基金是用来应对突发事件的储蓄，如失业、医疗紧急情况或其他不可预见的费用。理想的紧急基金应该能覆盖 3 ~ 6 个月的生活开销。

**2. 消除债务**

如果你有任何高利率的债务（如信用卡债务），优先偿还这些债务是明智的。高利率的债务会消耗你的财务资源，降低储蓄和投资的能力。

**3. 退休规划**

尽早开始为退休储蓄。考虑利用雇主提供的退休储蓄计划或设立个人退休账户。

**4. 投资和增长财富**

了解并投资股票市场、债券或选择其他投资工具，以实现财富增长和通胀对冲。根据你的风险承受能力和投资目标，选择合适的投资策略。

（略）

**步骤 02** 个人财务评估。了解财务状况有助于为后续的规划和决策提供明确的起点，同时也是评估个人财务健康与否的关键指标。

在对话框中输入：**请帮我评估和审视我当前的财务状况。**

> ⑤ **ChatGPT：**

请根据下面的指导问题给出相应的信息，这将有助于我们了解你的财务状况，并为你提供更加个性化的建议。请记得，提供的信息越详细，得到的建议就越准确。

**收入**

1. **月收入**：你的净月收入是多少？包括工资、奖金、兼职收入等。

2. **其他收入源**：你是否有其他收入源，比如投资收入、租金收入等？

**支出**

1. **固定支出**：包括房租 / 房贷、保险费、车贷、学贷、定期支付的账单等。

2. **变动支出**：日常生活费用，如餐饮、交通、娱乐、购物等。

**资产**

1. **储蓄账户**：你在储蓄账户中有多少资金？

2. **投资账户**：包括股票、债券、共同基金、退休账户等的投资总额是多少？

3. **其他资产**：如房产、汽车、珍贵物品等的价值。

**负债**

1. **学生贷款**：你有未偿还的学生贷款吗？总额是多少？

2. **信用卡债务**：你的信用卡债务总额是多少？

3. **其他贷款**：包括个人贷款、汽车贷款、抵押贷款等。

**保险和紧急基金**

1. **保险**：你拥有哪些类型的保险？如健康保险、寿险、财产保险等。

2. **紧急基金**：你有紧急基金吗？如果有，金额是多少？

---

**锦囊妙计**

用户也可以要求 ChatGPT 将这份财务评估以表格的形式进行呈现或者将评估内容复制到 Word 里面重新调整成表格样式，这样更方便查阅和填写。

---

**步骤 03** 获取财务规划建议。在用户告诉了 ChatGPT 自己基本的财务状况之后，它便能根据这些信息为用户提供一些关于财务规划的建议，用户可以根据这些建议来制订自己的财务计划。

---

在对话框中输入：**我的月收入净额是 8 000 元，月支出大约是 5 000 元。我在储蓄账户中有 10 000 元，信用卡贷款还剩 5 000 元未偿还。**

---

**⑤ ChatGPT：**

基于你提供的信息，我们可以对你当前的财务状况进行一个基本的评估，并根据此情况提出一些建议。

**1. 建立紧急基金**

尽管你已经有 10 000 元在储蓄账户中，但建议将这部分钱视作紧急基金的一部分，目标是至少能覆盖 3 ~ 6 个月的生活费用。考虑到你的月支出为 5 000 元，理想的紧急基金应该在 15 000 ~ 30 000 元。

**2. 偿还信用卡贷款**

考虑到信用卡通常有较高的利息，偿还 5 000 元的信用卡贷款应当具有优先级。你可以利用月结余的一部分来加速还款。

**3. 预算规划**

尽管你的月结余看起来很健康，但仍然建议详细记录你的月支出，以识别任何可能的节省空间。这可以帮助你更快地实现财务目标，如偿还贷款和建立紧急基金。

**4. 投资与储蓄**

在信用卡贷款还清之后，可以考虑将部分月结余用于投资，以实现长期财富增长。基于你的风险承受能力，你可以考虑投资股票、债券，或者低费用的指数基金。

**5. 考虑保险需求**

虽然你没有提到保险，但是拥有足够的健康保险、寿险（尤其是如果你有家庭成员依赖你的收入）是非常重要的。

---

**锦囊妙计**

如果用户对投资与储蓄、债务管理、保险与风险管理、退休规划等方面的财务建议有任何疑惑，都可以继续向 ChatGPT 询问以获取更详细的解释。

# 2.7 团队协作与效率

## 2.7.1 使用 ChatGPT 安排任务顺序

在处理工作时，合理地安排任务顺序可以帮助用户确保资源得到最佳利用和目标的按时完成，而且还能提升团队和个人的工作效率和满意度。用户可以使用 ChatGPT 来智能安排任务顺序，增强任务管理能力和项目成功率。

### 1. 思维导图

明确任务列表 ➞ 确定任务优先级 ➞ 制定任务顺序

### 2. 操作步骤

ChatGPT 擅长迅速分析和处理大量任务信息，这为用户合理安排工作的任务顺序提供了决策支持，从而提高工作效率，优化资源分配。

**步骤 01** 明确任务列表。明确地列出任务列表有助于让 ChatGPT 确定哪些任务最为关键，以及任务之间的依赖关系。

> 在对话框中输入：**我需要做几个任务，请记住这些任务：市场调研（任务 A）、提案（任务 B）、广告文案撰写（任务 C）、广告创意设计（任务 D）。**

> **⑤ ChatGPT：**
>
> *已记录下您需要完成的任务，如果您需要进一步安排这些任务的顺序、指定责任人、设置截止日期，或者有任何其他特定的请求，请告诉我。*

**步骤 02** 确定任务优先级。让 ChatGPT 分析任务之间的依赖关系，为每个任务分配优先级。

> 在对话框中输入：**请你分析以上几个任务之间的依赖关系。**

> **⑤ ChatGPT：**
>
> *考虑到您提供的任务列表，存在一个与常规流程稍有不同的点：提案（任务 B）通常是在市场调研后、广告文案和创意设计之前或之后进行的。这取决于提案的具体内容和目的。下面是两种可能的依赖关系分析，取决于提案的时机和目的。*
>
> **假设 1：提案在广告文案和创意设计之前**
>
> *如果提案是为了确定广告方向或获得项目批准，那么按以下顺序安排任务。*
>
> *1. **市场调研（任务 A）：**为整个项目打下基础，提供关于市场趋势、目标受众和竞争对手的洞察。*
>
> *2. **提案（任务 B）：**基于市场调研的结果，制定一个初步的广告策略提案来定义广告的方向或获得必要的批准进行下一步。*
>
> *3. **广告文案撰写（任务 C）：**在提案被批准后，根据确定的广告方向和策略来撰写文案。*

**4. 广告创意设计（任务 D）**：通常在文案确定之后进行，以确保创意视觉与文案内容一致。

**假设 2：提案在广告文案和创意设计之后**

如果提案是将最终的广告创意和文案呈现给客户或决策者，那么按以下顺序安排任务。

**1. 市场调研（任务 A）**：仍然是第一步，为广告创意设计和广告文案撰写提供必要的背景信息和指导。

**2. 广告文案撰写（任务 C）& 广告创意设计（任务 D）**：这两个任务可能并行进行或顺序进行，具体取决于团队的工作流程。但它们都直接依赖于市场调研的结果，且相互之间紧密相关，共同定义广告的最终呈现。

**3. 提案（任务 B）**：此时，提案包括完成的广告文案撰写和广告创意设计，目的是获取客户或决策者的最终批准。

**结论**

依赖关系的确定取决于提案的具体内容和目的。在第 1 种假设中，提案用于项目初期，确定广告方向；在第 2 种假设中，提案用于项目末期，展示最终成果。确保在项目开始时明确这些细节，可以帮助人们更合理地规划项目流程。

**步骤 03** 制定任务顺序。在对任务的依赖关系进行分析以后，便可以让 ChatGPT 根据这些信息制定一个任务顺序计划。

在对话框中输入：**根据上面的内容，在任务 B 需要最后完成且时间有限的情况下，为我推荐最优化的任务顺序，包括可以同时进行的任务。**

**ChatGPT：**

如果任务 B（提案）需要在最后完成，且整体时间有限，这意味着我们需要尽可能地优化和并行执行其他任务，以确保项目流程高效且紧凑。基于这个条件，我建议的最优化任务顺序和并行执行策略如下。

**任务顺序和并行执行策略**

**1. 开始于市场调研（任务 A）**：这是项目的第一步，为后续所有任务提供必要的信息和数据支持。它应该尽早开始，并且迅速完成。

**2. 广告文案撰写（任务 C）和广告创意设计（任务 D）并行执行**：一旦市场调研提供了足够的信息，广告文案撰写和广告创意设计可以并行进行。虽然这两个任务在某种程度上是相互依赖的，但是初步工作可以基于市场调研的初步结果同时启动。例如：文案团队可以开始草拟文案的初步想法和框架。同时，设计团队可以开始概念化广告的视觉元素和风格。

**3. 完成提案（任务 B）**：

● 在广告文案撰写（任务 C）和广告创意设计（任务 D）完成后，最后一步是汇总这些工作成果，准备最终的提案。

● 这需要文案和设计都达到一定的成熟度，以便能够被整合进提案中。提案的制作也应该考虑到时间限制，以确保在截止日期前完成。

**时间管理和协作**

● **紧密协作**：确保文案和设计团队之间的紧密协作是关键，可以通过定期会议和共享工作进度来实现。

- **阶段性检查**：设定关键的检查点，以评估并行任务的进展，并确保它们按照时间表顺利推进。
- **灵活调整**：根据实际进展情况，灵活调整计划。如果某个任务比预期进展得更快或更慢，及时调整其他任务的工作重点和资源分配。

通过以上策略，您可以在时间有限的情况下，有效地优化工作流程，确保所有任务高效完成，最终准时提交高质量的提案。

■**锦囊妙计**□

（1）用户在输入关键词时，可以向 ChatGPT 提出可能会遇到的不同情境，比如资源限制或时间限制的情况，让 ChatGPT 对任务顺序进行灵活调整。

（2）在任务执行过程中，用户需要持续监控项目进度并且根据实际进展和任何突发情况来适时调整任务顺序，还可以再次咨询 ChatGPT，讨论调整方案。

## 2.7.2 使用 ChatGPT 提供团建方案

团建是为了加强团队的凝聚力、提升团队成员之间的互动与协作能力的一系列活动，它往往通过有趣而具有挑战性的活动来促进团队成员之间的沟通与了解，提高团队协作效率。ChatGPT 可以帮助团队或组织更有效率和创意地规划团建活动，根据团队特点提供个性化的团建方案。

**1. 思维导图**

明确目标与活动类型 ➝ 制定活动细节 ➝ 获取实施准备建议 ➝ 撰写完整方案

**2. 操作步骤**

ChatGPT 可以凭借庞大的数据支撑提供多样化的团建活动创意，同时还可以根据团队规模、成员特点、偏好活动类型和预算情况等提供量身定制的建议与调整反馈，确保能够不断优化方案。

**步骤 01** 明确目标与活动类型。先向 ChatGPT 提供团队的背景信息和希望通过团建活动达到的目标，然后让 ChatGPT 根据团队需求和背景给出推荐的活动类型。

在对话框中输入：我们是一个 50 人的房地产公司，团队成员从 25 岁～50 岁不等，包括市场营销、项目管理等多个部门。我们希望通过团建活动增强不同部门之间的沟通与合作，提升团队凝聚力，同时希望员工能更好地相互了解。基于我们的团队需求和背景，你有什么团建活动类型推荐吗？

🔵 ChatGPT：

考虑到您的团队的特点和目标，我建议可以组织一次结合户外拓展和晚宴的团建活动。白天进行户外拓展活动，如团队挑战赛、定向越野等，这些活动能够促进团队协作和沟通。晚上则组织一场主题晚宴，让大家在轻松的氛围中交流，相互增进了解。

**步骤 02** 制定活动细节。确定活动类型之后，用户可以结合团队的实际情况，借助ChatGPT来细化团建方案，可以分步向它询问每个活动的具体流程、时间表、预算安排等。

---

**在对话框中输入：对于户外拓展活动，我们应该如何安排流程和活动内容？**

**⑤ ChatGPT：**

您可以将户外拓展活动安排在一个风景优美的郊外地区，活动可以从上午9点开始，一直持续到下午3点。上午可以开始轻松的团队破冰活动，比如"信任坠落"，接着是一系列的团队挑战赛，如绳索课程、团队建筑等，这些活动旨在提升团队合作。午餐可以安排在户外野餐，下午可以进行定向越野比赛。晚上的主题晚宴可以选择一个有室内宴会厅的餐厅，安排自助餐，并设有一个小舞台用于员工展示才艺，鼓励员工分享个人故事或才艺，相互增进了解。

---

**步骤 03** 获取实施准备建议。根据制定的方案，用户可以询问ChatGPT关于活动准备的建议，包括所需物资的准备、场地布置、人员分配等。

---

**在对话框中输入：我们需要准备哪些物资和设备？有没有需要特别注意的安全问题？**

**⑤ ChatGPT：**

对于户外拓展活动，您需要准备运动装备（如运动鞋、舒适的户外服装）、安全装备（如头盔和安全绳索），以及足够的水和食物。确保参与活动的员工都进行健康状况申报，避免安全风险。同时，建议聘请专业的户外拓展公司来负责活动的策划和执行，他们会提供专业的设备和教练。对于晚宴，需要提前预订场地，并与餐厅沟通好关于食物、装饰和音响设备的需求。

---

┏━ **锦囊妙计** ┓

在制定具体的方案细节时，可以询问活动可能存在的风险、注意事项，以及应对措施。

---

**步骤 04** 撰写完整方案。对活动流程的细节和实施准备都讨论完毕之后，可以让ChatGPT撰写一个完整的团建方案，用户可以在此基础上进行调整。

---

**在对话框中输入：请按活动方案的格式将上述想法写成完整且具体的团建方案。**

**⑤ ChatGPT：**

**房地产公司团建方案**

1. **活动目标：** 增强不同部门之间的沟通与合作，提升团队凝聚力，增进员工之间的相互了解。

2. **团队背景**

● **公司规模：** 50人。

● **成员年龄范围：** 25岁～50岁。

● **部门包括：** 市场部、项目部等。

3. 活动类型

- **白天**: 户外拓展活动。
- **晚上**: 主题晚宴和自由交流。

4. 活动细节

- **白天活动**: 户外拓展
- **地点**: 风景优美的郊外地区。
- **时间**: 上午9点至下午3点。

5. 活动流程

- 9:00 — 9:30: 集合与出发, 团队破冰活动。
- 9:30 — 12:00: 团队挑战赛 (绳索课程、团队建筑)。
- 12:00 — 13:00: 户外野餐。
- 13:00 — 15:00: 定向越野比赛。

6. 所需物资

- **运动装备**: 运动鞋、舒适的户外服装。
- **安全装备**: 头盔、安全绳索。
- 足够的水和食物。

7. 安全注意事项

- 所有参与员工需进行健康状况申报。
- 聘请专业的户外拓展公司负责活动策划与执行。

(略)

---

▌**锦囊妙计** ▐

（1）如果觉得 ChatGPT 提出的方案趣味性或者创造性不足, 可以要求它继续补充更有趣味和创意的活动想法供用户选择。

（2）团建活动后, 可以向 ChatGPT 提供活动的反馈信息, 包括参与者的反馈、活动中的亮点和不足等, 然后讨论如何根据反馈对未来的团建方案进行调整和优化。

## 2.7.3 使用 ChatGPT 制订培训计划

培训计划是为了提升员工素质、培养专业技术力量、提高公司业绩而设定和安排的职能性计划, 它可以提高员工的综合素质和业务能力, 为公司的发展提供合适的人力资源。ChatGPT 能够根据用户提供的具体需求和目标迅速生成定制化的培训计划。

**1. 思维导图**

明确培训目标与需求 ➡ 设计课程内容 ➡ 制订实施计划 ➡ 评估与反馈

**2. 操作步骤**

无论是针对特定技能的提升, 还是针对特定行业的知识更新, ChatGPT 都能提供相应的培训框架和内容建议, 有效地提升员工的技能和知识水平。

**步骤 01** 明确培训目标与需求。用户需要提供有关参与者的背景信息，并且向 ChatGPT 清晰地描述自己希望通过培训实现的目标，以帮助 ChatGPT 更好地理解培训需求。

在对话框中输入：**你是一位营销专家，我需要为我的营销团队制订一个数字营销的培训计划，需要向你提供什么信息？**

**⑤ ChatGPT：**

要为您的营销团队制订一个有效的数字营销培训计划，您需要提供以下信息。

**1.团队当前的数字营销水平：**您需要评估团队成员目前的技能水平和经验。

**2.业务目标和市场定位：**明确您的业务目标和市场定位对于制订培训计划至关重要，这将帮助您确定哪些数字营销技能对达成这些目标最关键。

**3.目标受众：**了解您的目标受众和他们的行为习惯可以帮助您确定培训重点。例如，如果您的目标受众主要使用社交媒体，那么社交媒体营销的培训就变得非常重要。

（略）

**步骤 02** 设计课程内容。基于明确的培训需求，用户可以询问 ChatGPT 关于课程内容的设计建议，包括课程的主题、必要的知识点、实践活动等。

在对话框中输入：**团队成员都有基本的营销知识，但在 SEO、内容营销和社交媒体营销方面需要加强。培训的目标是让他们能够独立执行数字营销策略并提升我们品牌的在线可见度。你可以为我提供一些课程设计的建议吗？**

**⑤ ChatGPT：**

基于您的需求，以下是一些建议，可以帮助设计适合您团队的数字营销培训课程。

**1.SEO（搜索引擎优化）**

课程结构如下。

- **引言和基础知识：**介绍 SEO 的重要性、基本原理和最新趋势。
- **关键词研究与策略：**教授如何进行有效的关键词研究和选择，以及如何将关键词策略融入内容中。
- **技术 SEO：**覆盖网站结构、速度优化、移动适配性等技术方面的知识。
- **内容优化：**教授如何创建旨在提高搜索排名的优质内容，包括元标签、图片优化和内部链接策略。
- **外部链接建设：**讨论建立高质量外链的策略和最佳实践。

**2.内容营销**

课程结构如下。

- **内容营销概述：**解释内容营销的重要性和基本概念。
- **内容策略开发：**如何根据目标受众制定内容策略，包括买家人物的创建。
- **内容创作和编辑：**指导如何创作吸引人的内容（博客、视频、图像、电子书等），以及编辑和校对技巧。

（略）

（1）用户还可以和 ChatGPT 探讨不同的教学方法和工具，比如案例研究、角色扮演、在线课程等，以提高培训的效果和参与度。

（2）若用户对课程设计中的专业知识有任何疑惑和不解，都可以向 ChatGPT 进行询问。

**步骤 03** 制订实施计划。将培训的时间、地点、格式（线上、线下或线上和线下结合）等告诉 ChatGPT，让它结合之前的课程设计制订一个合理的培训计划。

在对话框中输入：我们计划在下个季度开始这项培训，预计为期 4 周，每周进行一次培训。我们希望采取线上和线下结合的方式进行。请你结合上述信息为我们制订一个具体的培训计划。

**⑤ ChatGPT：**

结合您的要求和团队的培训目标，下面是一个为期 4 周的线上和线下结合的培训计划，旨在加强 SEO、内容营销和社交媒体营销的能力，帮助团队成员独立执行数字营销策略，并提升品牌的在线可见度。

**周一：培训启动和概览**

● 线上：发送欢迎邮件，介绍培训计划和目标，提供访问线上学习平台的指南。

● 线下：举办启动会议，团队互相介绍，讨论期望和目标。

**第一周：SEO（搜索引擎优化）**

**线上学习材料（周一至周三）如下。**

● 观看 SEO 基础理论视频。

● 阅读关于关键词研究和竞争分析的教程。

● 完成在线练习，如关键词选择和 SEO 内容写作。

**线下会议（周四）如下。**

● 实践工作坊：分组进行网站 SEO 审核，识别优化机会。

● 讨论会：分享学习体会，讲师提供反馈。

（略）

**步骤 04** 评估与反馈。用户可以与 ChatGPT 讨论如何对培训计划的效果进行评估，以及如何有效地收集和利用参与者的反馈来优化后续的培训计划，以确保培训内容保持更新并满足参与者的需求。

在对话框中输入：我想在培训结束后评估参与者的学习成效，并收集他们的反馈来优化未来的培训。有什么好的方法吗？

**⑤ ChatGPT：**

用户可以在培训结束时进行一次在线测试，以评估参与者对 SEO、内容营销和社交媒体营销知识的掌握程度。此外，可以通过问卷调查的形式收集他们对培训内容、教学方法和培训材料的满意度反馈。根据这些反馈，您可以对培训计划进行必要的调整和改进。

## 2.7.4　使用 ChatGPT 评估团队绩效

团队绩效是指在特定的时间内，团队成员通过协作和共同努力所取得的工作成果和业绩。它反映了团队的整体效能和效率，是衡量团队工作效果的重要指标。ChatGPT 可以帮助用户评估团队绩效并提出促进团队高效发展的改进建议。

**1. 思维导图**

设定评估标准和目标 ➞ 分析反馈和数据 ➞ 提出改进建议 ➞ 实施改进计划并持续跟踪

**2. 操作步骤**

在进行团队绩效的评估时，ChatGPT 不仅可以帮助用户识别团队在项目管理和协作方面的优势和弱点，还能基于数据和反馈提出具体的改进建议，从而推动团队向更高效、更协同的方向发展。

**步骤 01** 设定评估标准和目标。在评估团队绩效之前，用户需要与 ChatGPT 讨论或者告诉它团队绩效评估的标准和目标，这些标准可能包括项目完成情况、团队合作和沟通效率、创新能力等。

在对话框中输入：我是一家动画公司的项目负责人，我需要评估我们团队在上个季度的绩效。我们的目标是按时完成动画系列的每个阶段，同时保证高质量地输出，并且增强团队协作。

**⑤ ChatGPT：**

好的，我们可以根据项目的按时完成率、质量标准的达成情况，以及团队协作和沟通的效率来评估绩效。我们是否有具体的质量和时间的指标，以及团队成员之间沟通协作的反馈？

**步骤 02** 分析反馈和数据。ChatGPT 可以帮助用户分析大量的数据和反馈，提供客观和基于数据的绩效评估结果，减少人为偏差。

在对话框中输入：是的，我们有项目的里程碑记录、客户的反馈，以及团队成员之间的周报告。我该如何收集这些信息进行分析？

**⑤ ChatGPT：**

您可以将这些信息整理成文档或表格发送给我。同时，我们可以设计一个简单的问卷，收集团队成员对项目管理、沟通协作，以及个人贡献的看法和建议。

在对话框中输入：你可以帮我设计一个问卷来收集团队成员对项目管理、沟通协作，以及个人贡献的看法和建议吗?

**ChatGPT:**

当然,以下是一个基于项目管理、沟通协作,以及个人贡献评估的问卷设计示例。

**项目管理**

**1. 项目目标的清晰度**

● 项目目标和期望结果对您来说是否清晰明确?

非常不清晰 / 有点不清晰 / 中等 / 清晰 / 非常清晰

**2. 任务分配的合理性**

● 您认为任务和责任的分配是否公平合理?

非常不合理 / 有点不合理 / 中等 / 合理 / 非常合理

**3. 资源的充足性**

● 您觉得在项目中分配给您的资源(时间、工具、信息)是否足够?

非常不足 / 有点不足 / 中等 / 足够 / 非常足够

**4. 进度跟踪的有效性**

● 项目的进度和状态更新是否及时有效?

非常无效 / 有点无效 / 中等 / 有效 / 非常有效

**个人贡献与发展**

**1. 个人任务的满意度**

● 您对自己在项目中的任务和责任满意吗?

非常不满意 / 有点不满意 / 中等 / 满意 / 非常满意

**2. 个人发展的机会**

● 您认为项目中提供了足够的个人发展和学习新技能的机会吗?

非常不同意 / 有点不同意 / 中等 / 同意 / 非常同意

(略)

假设我们已经提供了所需的数据和反馈信息。

在对话框中输入:**我已经收集了所有必要的信息,包括项目里程碑的完成情况、客户反馈,以及团队成员的周报告和问卷反馈。**

**ChatGPT:**

基于提供的信息,我们发现项目的大部分里程碑都按时完成了,但是在动画渲染阶段出现了延迟,这影响了最终交付的时间表。客户对最终产品的质量表示满意,但提到了交付的延迟问题。团队成员的反馈显示,虽然大家对团队的协作感到满意,但是在项目管理和沟通流程中存在一些混乱。

┌─ **锦囊妙计** ─┐

(1)用户可以通过上传附件的形式将相关数据和反馈的文档发送给 ChatGPT。

(2)用户可以利用 ChatGPT 来设计整个评估和反馈过程中需要用到的问卷。

**步骤** 03 提出改进建议。基于分析结果，用户可以与 ChatGPT 讨论可能的改进措施。这些措施旨在解决发现的问题、提高团队绩效，并促进团队成员的个人发展。

> 在对话框中输入：基于这些分析，我们应该如何改进以避免未来的延迟和沟通问题？
>
> ⑤ ChatGPT：
>
> 　对于动画渲染阶段的延迟，引入更高效的渲染技术或增加渲染团队的资源可能有帮助。为了解决沟通流程的问题，建议定期进行项目进度回顾会议并使用项目管理工具来提高透明度和沟通效率。此外，培训团队成员使用这些工具也很重要，以确保每个人都能有效地参与进来。

**步骤** 04 实施改进计划并持续跟踪。用户可以根据 ChatGPT 提出的改进建议制订具体的实施计划。在实施过程中，可以定期与 ChatGPT 进行讨论，评估改进措施的效果，并进行必要的调整。

> 在对话框中输入：这些建议听起来很有帮助。我将制订一个行动计划，包括引入新的渲染工具、安排项目管理工具的培训，以及设置定期的项目回顾会议。我该如何跟踪这些行动计划的实施情况和效果？
>
> ⑤ ChatGPT：
>
> 　您可以设置具体的目标和时间表来跟踪每项改进措施的进展。同时，继续使用问卷和会议来收集团队成员的反馈，评估这些改进措施的实际效果。我们可以定期回顾这些反馈和数据，以确保改进计划正在朝着正确的方向发展，并根据需要进行调整。

## 2.7.5　使用 ChatGPT 进行时间规划

在职场与生活中，有效地规划和利用时间，可以让用户更好地安排自己的生活和工作，提高自我效能感。ChatGPT 可以帮助用户进行合理的时间规划，提升个人和团队的生产效率，助力用户实现个人和职业目标。

**1. 思维导图**

确定目标与优先级 → 制订日程计划 → 设置提醒和通知 → 调整时间规划 → 跟踪进度和复盘

**2. 操作步骤**

在进行时间规划时，可以让 ChatGPT 根据个人的具体情况、目标和偏好来制订个性化的日程安排或长期计划，实现高效的时间管理。

**步骤** 01 确定目标与优先级。用户可以告诉 ChatGPT 自己的短期和长期目标，让它帮助自己拆分这些目标为可实现的步骤。用户也可以向它描述自己的任务清单，让 ChatGPT 根据紧急性和重要性进行排序。

在对话框中输入：我下周有一个重要的项目报告需要完成，同时我还想保持我的运动习惯和每天的阅读时间。你能帮我规划一下我的时间吗？

**⑤ ChatGPT：**

当然可以帮助你规划时间！首先，我们需要了解你的一些基本信息来做出有效的时间规划。

1. 项目报告的具体要求和你目前的进度是怎样的？

2. 你一般每天花多少时间进行运动？

3. 你希望每天阅读多长时间？

4. 除了项目报告、运动和阅读，你还有其他固定的任务或活动（比如工作、学习、家务等）吗？如果有，请提供每天花费的大概时间。

5. 你每天可用来安排这些任务的总时间是多少？

有了这些信息，我们就能更好地为你定制一个时间管理计划。

**步骤 02** 制订日程计划。在告诉了 ChatGPT 一天的可用时间和待完成的任务之后，就可以让它制订一个高效的日程安排计划了。

在对话框中输入：要在下周五之前完成项目报告，目前完成了三分之一。我希望每天能保持至少 30 分钟的运动时间和 30 分钟的阅读时间。我每天可用来安排这些任务的总时间是 3 小时。

**⑤ ChatGPT：**

了解了。考虑到你的工作时间和休息日，我们可以这样规划：每天早上工作前安排 30 分钟运动，晚上睡前安排 30 分钟阅读。至于项目报告，我们可以把工作日的工作时间分成几个时间块，每天至少保留两个小时来专注于项目报告。这样听起来怎么样？

在对话框中输入：听起来不错。但是我通常周三晚上有团队会议，那天可能没那么多时间。

**⑤ ChatGPT：**

明白了，那我们可以这样调整：周三将项目工作时间减少到一个小时，并尝试在周末找一个额外的时间段补上。这样可以吗？

在对话框中输入：可以，这样很好。

**步骤 03** 设置提醒和通知。尽管 ChatGPT 无法直接发送提醒，但可以利用它来制定提醒事项清单，然后将这些提醒设置在手机或电脑上。

在对话框中输入：你能帮我设置提醒吗？

**ChatGPT：**

虽然我不能直接发送提醒，但我可以帮你创建一个提醒事项清单。然后你可以根据这个清单在手机或电脑上设置提醒。这里有一个提醒事项示例。

- 每天早上6:30：运动30分钟。
- 工作日9:00至17:00：用于项目报告，每隔两小时提醒休息5分钟（除周三）。
- 周三工作时间调整为：1小时用于项目报告。
- 每天晚上21:30：阅读30分钟。

**锦囊妙计**

用户可以让 ChatGPT 将日常规划的内容转换成表格的形式，或者将这个日程规划复制到 Word 里面，然后进行版式上的优化与调整，让它更加清晰和便于查看。

**步骤 04** 调整时间规划。ChatGPT 可以帮助用户定期审视和调整时间规划，当出现新的任务安排或变化时，可以继续通过 ChatGPT 的协助来创建、维护和优化个人或团队的时间规划。

在对话框中输入：**请将上述时间安排调整一下，每天多增加 30 分钟的娱乐时间。**

**ChatGPT：**

以下是调整后的时间安排。

**每天安排**

- 6:30 — 7:00：进行30分钟的运动，开始新的一天。
- 21:00 — 21:30：安排30分钟的阅读时间，享受静心的乐趣。
- 21:30 — 22:00：安排30分钟的娱乐时间。

**工作日安排（除周三外）**

- 9:00 — 17:00：专注工作，每两小时休息5分钟。确保有2小时专门用于项目报告的编写和准备。

**周三特殊调整**

- 周三的项目报告工作时间减少到1小时，以适应团队会议的安排，并确保有足够的时间进行娱乐活动。

**步骤 05** 跟踪进度和复盘。用户可以定期向 ChatGPT 报告进度，它可以帮助用户记录并提醒用户接下来的任务，同时用户可以与 ChatGPT 讨论一天结束时的成果和遇到的挑战，让它提供改进的建议。

**锦囊妙计**

（1）为了更好地进行时间规划，用户可以利用 ChatGPT 学习一些时间管理技巧，比如询问有效的时间管理策略、阅读材料或课程推荐等。

（2）用户还可以告诉 ChatGPT 自己想要养成的习惯，它可以帮忙制订一个逐步养成的计划，并提供持续的鼓励和建议。

# 第3章  表 格 处 理

## 3.1 使用 ChatGPT 快速制作表格

在工作中，为了更好地进行数据统计与分析，我们经常使用 Excel 来制作各式各样的表格。通常情况下，用户需要自己新建一个表格，然后依次填写内容或者将已有数据复制进去。作为功能强大的辅助工具，ChatGPT 可以在表格的初步规划、快速生成内容及优化结构方面给予实质性的帮助，降低制表难度，提升制表效率。

### 1. 思维导图

明确需求与结构 ──→ 提供信息与生成表格 ──→ 调整表格细节 ──→ 应用与进一步处理

### 2. 操作步骤

ChatGPT 可以帮助用户迅速搭建表格的基本框架，包括行、列的布局，同时还可以自动生成和填充表格的基本内容，方便用户后续在此基础上进行调整。

**步骤 01** 明确需求与结构。用户需要向 ChatGPT 明确表格的主要用途，具体的行、列标题，特定的填充内容或格式要求等，如果不清楚怎么描述这些需求，也可以只告诉 ChatGPT 表格的类型，它会向用户逐步询问相关的具体信息。

在对话框中输入：你可以帮我制作一份课程表吗？

**ChatGPT：**

当然可以！请告诉我一些细节，比如这份课程表是针对哪个学习阶段的（例如小学、中学、大学等）、特定的科目（如数学、语文、英语等）、每天的开始和结束时间，以及你希望每节课的时长。此外，如果有任何特殊需求或偏好，比如特定的休息时间或某些天的特别活动，也请告诉我。这样我就能更好地帮助你制作课程表了。

**步骤 02** 提供信息与生成表格。用户可以根据 ChatGPT 的提示向它提供详细且明确的信息，包括表格的整体用途、具体的列和行标题，以及任何特定的填充内容或格式要求。它会根据用户提供的信息生成一个表格草案，如图 3.1 所示。

在对话框中输入：这份课程表是为一年级学生设计的，科目包含语文、数学、品德、体育、美术、音乐、班会，每天 6 节课。体育课和班会需要安排在下午。

ChatGPT:

ChatGPT

明白了，基于您提供的信息，我将为一年级学生设计一个每天有6节课的课程表，科目包括语文、数学、品德、体育、美术和音乐，同时确保体育课和班会安排在下午。请稍等，我马上开始制作。

我已经根据您的要求制作了一份为一年级学生设计的课程表。这里是每天的课程安排：

| 课时 | 周一 | 周二 | 周三 | 周四 | 周五 |
| --- | --- | --- | --- | --- | --- |
| 1 | 数学 | 数学 | 语文 | 数学 | 品德 |
| 2 | 语文 | 品德 | 品德 | 语文 | 语文 |
| 3 | 品德 | 语文 | 数学 | 品德 | 数学 |
| 4 | 体育 | 体育 | 体育 | 体育 | 体育 |
| 5 | 美术 | 美术 | 美术 | 美术 | 美术 |
| 6 | 音乐 | 音乐 | 音乐 | 音乐 | 班会 |

请注意，为了确保体育和班会在下午，体育课每天下午的第一节课，而班会安排在周五的最后一节课。希望这份课程表能满足您的需求！如果有任何调整或额外的要求，请随时告诉我。[>-]

图 3.1

**锦囊妙计**

（1）ChatGPT 有时候会以文本的形式来生成表格草案，这时可以要求它将其调整为表格形式，或者将文本内容手动复制到 Excel 或其他表格软件中进行调整。

（2）如果生成的表格草案在结构上存在较大问题或者有较多的地方需要调整，可以让 ChatGPT 重新生成，直至出现比较符合要求的表格草案。

**步骤 03** 调整表格细节。如果生成的表格草案有需要进行调整的部分，比如更改列的顺序、调整内容或添加新的数据等，可以向 ChatGPT 提出具体的修改要求，它将根据反馈进行调整，如图 3.2 和图 3.3 所示。

在对话框中输入：请将上述表格中课时部分的数字依次改为"第一节""第二节"……以此类推，并且将体育、音乐和美术课的顺序进行打乱。

ChatGPT:

ChatGPT

分析出错 ∨

我已根据您的要求更新了课程表，将课时部分的数字改为"第一节"、"第二节"……以此类推，并且打乱了体育、音乐和美术课的顺序。这里是更新后的每天课程安排：

| | 周一 | 周二 | 周三 | 周四 | 周五 |
| --- | --- | --- | --- | --- | --- |
| 第一节 | 品德 | 品德 | 语文 | 数学 | 数学 |
| 第二节 | 数学 | 语文 | 数学 | 语文 | 品德 |
| 第三节 | 语文 | 数学 | 品德 | 品德 | 语文 |
| 第四节 | 体育 | 音乐 | 体育 | 体育 | 音乐 |
| 第五节 | 音乐 | 美术 | 美术 | 音乐 | 体育 |
| 第六节 | 美术 | 体育 | 音乐 | 美术 | 班会 |

请检查上述课程表，看看是否符合您的需求。如果还需要进一步的调整，请随时告知。[>-]

图 3.2

在对话框中输入：请按上述要求重新生成一个表格，要求第一节课只能是语文或者数学。

ChatGPT：

根据您的最新要求，我已经重新生成了课程表，确保每天的第一节课只能是语文或数学。以下是更新后的课程安排：

|  | 周一 | 周二 | 周三 | 周四 | 周五 |
|---|---|---|---|---|---|
| 第一节 | 数学 | 语文 | 语文 | 语文 | 语文 |
| 第二节 | 品德 | 品德 | 数学 | 品德 | 数学 |
| 第三节 | 语文 | 数学 | 品德 | 数学 | 品德 |
| 第四节 | 音乐 | 音乐 | 音乐 | 体育 | 音乐 |
| 第五节 | 体育 | 体育 | 体育 | 音乐 | 体育 |
| 第六节 | 美术 | 美术 | 美术 | 美术 | 班会 |

这份课程表满足了所有的要求，包括特定的课程顺序和对第一节课的特别要求。如果还有任何其他需求或需要进一步的调整，请告诉我！ [-]

图 3.3

锦囊妙计

在调整表格细节的过程中，也可能会出现分析出错导致调整后的表格与用户需求有出入的情况，此时可以反复迭代这个过程，直至生成较为满意的表格。

**步骤 04** 应用与进一步处理。在确认了表格草案之后，可以将其内容复制、粘贴到 Excel 中，利用 Excel 的一些功能继续对表格进行调整与美化，确保整个表格易于阅读且满足所有先前确定的需求和格式要求。选择生成的表格，右击，选择"复制"命令，如图 3.4 所示。

图 3.4

打开 Excel 工作表，在工作表中右击，选择"粘贴"命令或者按 Ctrl+V 组合键，即可对复制的表格进行粘贴。经过调整行高、列宽、字体大小、对齐格式，以及增加标题行等操作，就可以得到一张符合需求的课程表。

锦囊妙计

ChatGPT 的优势是处理文本和生成内容，而 Excel 的优势则是可以精细化地调整表格细节，以及强大的数据处理和分析功能。因此，先利用 ChatGPT 来生成表格草案，再结合 Excel 进行细致化处理，可以有效提高创建表格的效率。

## 3.2 使用 ChatGPT 整理文本资料

当用户需要利用 Excel 来处理文本资料时，通常需要自己手动填入内容。需要处理的文本资料较多，就会耗费较多的时间与精力。用户可以借助 ChatGPT 来提升整理资料的速度与效率，以节省阅读和摘录信息的时间。

### 1. 思维导图

收集和准备资料 ——→ 提供信息与生成表格 ——→ 调整表格细节 ——→ 应用与进一步处理

### 2. 操作步骤

ChatGPT 可以快速理解和提取文本中的关键信息，并且将散乱的文本信息转换成结构化的表格形式，尤其是需要处理大量文本资料时，有了 ChatGPT 的协助，便可以快速且准确地完成。

**步骤 01** 收集和准备资料。收集相关文本资料并对文本数据进行"清洗"，比如尽量去除任何无关的符号、空格或不规则的格式，同时确保所有文本数据的格式相对一致，便于 ChatGPT 更准确地进行整理，准备完成后便可以向 ChatGPT 提出需求。

---

**在对话框中输入：** 我有一份文本格式的员工花名册，你可以帮我整理成表格形式吗？

**⑤ ChatGPT：**

当然可以。请提供你的文本格式的员工花名册信息，包括他们的姓名、职位、部门等任何你希望整理到表格中的信息。基于你提供的内容，我将帮你整理成表格格式。

---

**步骤 02** 提供信息与生成表格。将准备好的文本资料信息发送给 ChatGPT，它便可以将其转换处理成表格形式，如图 3.5 所示。在这一步也可以将具体的表格结构和格式告诉 ChatGPT，这样可以让生成的表格最大限度地接近用户的需求。

---

在对话框中输入：
员工花名册：
王小强，性别：男，出生日期：1988-04-08，入职时间：2015-12-04，职务：财务专员
李小丹，性别：女，出生日期：1981-01-03，入职时间：2016-04-17，职务：市场专员
孙小海，性别：男，出生日期：2000-12-18，入职时间：2019-04-15，职务：市场专员
齐小强，性别：男，出生日期：1985-12-14，入职时间：2018-05-05，职务：设计师
周小凤，性别：男，出生日期：1982-07-04，入职时间：2018-06-20，职务：测试工程师
金小诺，性别：女，出生日期：1997-02-13，入职时间：2014-09-10，职务：市场专员
钱小六，性别：男，出生日期：1982-01-22，入职时间：2016-05-03，职务：设计师
王小飞，性别：女，出生日期：1988-08-21，入职时间：2018-03-12，职务：数据分析师
陈小薇，性别：女，出生日期：2000-02-20，入职时间：2023-03-18，职务：设计师
李小林，性别：女，出生日期：1992-05-21，入职时间：2024-09-08，职务：数据分析师

ChatGPT:

ChatGPT
已经将你的员工花名册整理成表格如下：

| 姓名 | 性别 | 出生日期 | 入职时间 | 职务 |
| --- | --- | --- | --- | --- |
| 王小强 | 男 | 1988-04-08 | 2015-12-04 | 财务专员 |
| 李小丹 | 女 | 1981-01-03 | 2016-04-17 | 市场专员 |
| 孙小海 | 男 | 2000-12-18 | 2019-04-15 | 市场专员 |
| 齐小强 | 男 | 1985-12-14 | 2018-05-05 | 设计师 |
| 周小风 | 男 | 1982-07-04 | 2018-06-20 | 测试工程师 |
| 金小诺 | 女 | 1997-02-13 | 2014-09-10 | 市场专员 |
| 钱小六 | 男 | 1982-01-22 | 2016-05-03 | 设计师 |
| 王小飞 | 女 | 1988-08-21 | 2018-03-12 | 数据分析师 |
| 陈小薇 | 女 | 2000-02-20 | 2023-03-18 | 设计师 |
| 蔡小林 | 女 | 1992-05-21 | 2024-09-08 | 数据分析师 |

这个表格展示了每位员工的姓名、性别、出生日期、入职时间和职务。如果需要进一步的编辑或调整，请告知。[>-]

图 3.5

**锦囊妙计**

ChatGPT 目前无法直接操作或读取 Word 文档或者记事本文档中的内容，如果需要 ChatGPT 帮忙把这些文本资料整理成表格，就需要将所有文本内容复制并粘贴到 ChatGPT 的对话框中。

**步骤 03** 调整表格细节。生成表格后，用户需要仔细检查格式和数据，确保没有错误或遗漏。如果有需要补充或者调整的地方，例如修改列宽、添加标题或进行排序等，可以继续向 ChatGPT 提出需求。

在对话框中输入：**请在表格中加上“序号”，并将这一列放在最左侧。**

ChatGPT:

生成结果如图 3.6 所示。

ChatGPT
已经在表格中加上了“序号”列，并将这一列放在了最左侧，如下所示：

| 序号 | 姓名 | 性别 | 出生日期 | 入职时间 | 职务 |
| --- | --- | --- | --- | --- | --- |
| 1 | 王小强 | 男 | 1988-04-08 | 2015-12-04 | 财务专员 |
| 2 | 李小丹 | 女 | 1981-01-03 | 2016-04-17 | 市场专员 |
| 3 | 孙小海 | 男 | 2000-12-18 | 2019-04-15 | 市场专员 |
| 4 | 齐小强 | 男 | 1985-12-14 | 2018-05-05 | 设计师 |
| 5 | 周小风 | 男 | 1982-07-04 | 2018-06-20 | 测试工程师 |
| 6 | 金小诺 | 女 | 1997-02-13 | 2014-09-10 | 市场专员 |
| 7 | 钱小六 | 男 | 1982-01-22 | 2016-05-03 | 设计师 |
| 8 | 王小飞 | 女 | 1988-08-21 | 2018-03-12 | 数据分析师 |
| 9 | 陈小薇 | 女 | 2000-02-20 | 2023-03-18 | 设计师 |
| 10 | 蔡小林 | 女 | 1992-05-21 | 2024-09-08 | 数据分析师 |

现在每位员工前都有一个唯一的序号，便于识别和参考。如果还有其他需要调整的地方，请告诉我。[>-]

图 3.6

**锦囊妙计**

ChatGPT 在处理一些较为复杂的格式时会比较困难，当遇到它无法处理的问题时，仍然需要借助 Excel 这种专业工具来进行，例如，如果需要为这张表格添加一个表头，ChatGPT 就会回复无法完成，但可以将其复制到 Excel 中进行操作。

**步骤 04** 应用与进一步处理。在对表格草案调整完成之后，用户可以将其复制并粘贴到 Excel 的工作表中去继续优化和调整，让整个表格看起来更加完整和专业。

## 3.3 使用 ChatGPT 回忆快捷操作

在使用 Excel 处理表格和数据时，经常会使用快捷键来执行命令，尤其是在处理大量数据或进行复杂的数据分析时，快捷操作可以极大地提高使用 Excel 的效率和速度。当需要查询或学习一些快捷操作的指令时，ChatGPT 能够及时给予响应。

**1. 思维导图**

直接询问 ➡ 解决具体问题 ➡ 请求快捷键列表 ➡ 设定学习目标 ➡ 获取最新信息

**2. 操作步骤**

ChatGPT 不仅可以即时向用户提供对特定快捷操作的查询响应，也可以在用户对某个快捷操作的效果有疑问时，提供相应的解释或纠正误解。用户可以通过多种方式来逐步掌握和熟悉这些快捷操作。

**步骤 01** 直接询问。如果想了解 Excel 中特定功能的快捷键，比如快速填充公式或切换工作表，可以直接询问 ChatGPT。

**在对话框中输入：在 Excel 中如何使用快捷键快速填充公式？**

**ChatGPT：**

**1. 拖曳填充句柄**：选择包含你想要填充公式的单元格，然后将鼠标指针移动到单元格的右下角，当鼠标指针变成十字形时，单击并拖动以填充公式。这虽然不是快捷键操作，但这是填充公式非常常用的方法。

**2. 使用快捷键填充公式到相邻单元格**：
- 对于 Windows 用户，可以选中包含你想要复制公式的单元格，然后使用快捷键 Ctrl + D（向下填充）或 Ctrl + R（向右填充）。
- 对于 Mac 用户，使用快捷键 Command + D（向下填充）或 Control + R（向右填充）。

**3. 使用"填充"命令填充到指定区域**：
- 选中从包含公式的单元格到你想要该公式填充的最后一个单元格的整个范围。
- 然后按 Alt 键（Windows）或 Option 键（Mac）键，然后依次按 E（编辑菜单）、I（填充）键，然后根据你想要填充的方向按 D（向下）、R（向右）、U（向上）或 L（向左）键。

4. 双击填充句柄：选择包含你想要填充公式的单元格，然后将鼠标指针移动到单元格的右下角直到鼠标指针变成十字形，双击它。Excel 将自动填充该列中剩余的部分，直到遇到一个空白单元格。这个方法虽然主要依赖鼠标操作，但因为其速度和效率比较高，在实际使用中非常受欢迎。

5. 使用 F2 键和快捷键 Ctrl+Enter 快速应用到多个单元格：

● 选中需要应用公式的单元格范围。

● 输入公式，然后按 F2 键进入编辑模式，随后按快捷键 Ctrl + Enter 将公式应用到所有选中的单元格。

**步骤 02** 解决具体问题。当遇到具体的 Excel 问题时，用户需要描述当下的情境和需要实现的目标，询问使用哪些快捷操作可以高效解决。这种方法不仅可以帮助用户掌握快捷键的使用，还能增进对 Excel 功能的了解。

在对话框中输入：我正在准备一个财务报告，需要频繁地在 Excel 中切换工作表，还要复制和粘贴数据。有没有什么快捷键可以帮助我提高效率？

**⑤ ChatGPT：**

当然，对于工作表的切换，可以使用快捷键 Ctrl + Page Up 和 Ctrl + Page Down。如果你需要复制数据，可以使用快捷键 Ctrl + C 来复制选中的单元格，然后使用快捷键 Ctrl + V 将复制的内容粘贴到新的位置。这些基本快捷键应该可以帮助你在处理报告时节省不少时间。

**步骤 03** 请求快捷键列表。用户可以让 ChatGPT 提供一个常用的快捷键列表或者备忘录，特别是针对用户经常使用的 Excel 功能。这可以作为一个快速参考指南，帮助用户逐步记忆和练习。

在对话框中输入：你可以帮我提供一个在 Excel 中常用的快捷键列表吗？

**⑤ ChatGPT：**

当然可以！下面是 Excel 中一些常用的快捷键列表，这些快捷键可以帮助用户提高使用 Excel 的效率。

**基本操作**

● Ctrl + N：新建工作簿。

● Ctrl + O：打开工作簿。

● Ctrl + S：保存工作簿。

● Ctrl + P：打印工作簿。

● Ctrl + C：复制选中单元格。

（略）

**步骤 04** 设定学习目标。如果想学习和熟悉更多的快捷键操作，可以告诉 ChatGPT 自己的学习目标，它可以根据用户的目标提供一个学习计划或建议。

> 在对话框中输入：**我希望掌握所有与数据分析相关的 Excel 快捷键，你可以根据我的目标提供一个学习计划或建议吗？**

**⑤ ChatGPT：**

　　要掌握与数据分析相关的 Excel 快捷键，你可以遵循一个分步学习计划。以下是一个建议的学习计划。

**第 1 周：基础快捷键和数据准备**
- **目标**：熟悉 Excel 基础操作的快捷键和导入、清洗数据的基本步骤。
- 基础操作快捷键（保存、复制、粘贴等）。
- 数据选择和导航快捷键（如：Ctrl + Arrow Key、Shift + Space 等）。

**活动：**
- 每天练习不同的基础操作快捷键。
- 尝试导入一些简单的数据集，并使用快捷键进行基本的数据清洗。

（略）

**步骤 05** 获取最新信息。Excel 可能会更新或添加新的快捷键，用户可以定期询问 ChatGPT 有关最新快捷键的信息，确保知识库是最新的。

## 3.4 使用 ChatGPT 答疑表格难题

　　当用户使用 Excel 进行较为复杂的表格操作时，可能会遇到一些自己无法解决的问题。此时，寻找正确的解决策略和方案是关键。作为强大的人工智能模型，ChatGPT 可以充当帮助用户答疑解惑的助手，帮助用户解决这些特定的问题。

**1. 思维导图**

明确问题与获取方法 ➡ 快速处理表格问题 ➡ 学习和资源推荐

**2. 操作步骤**

　　ChatGPT 能够根据用户提供的具体情况和需求，快速提供解决方案或操作步骤。如果把需要处理的表格发送给它，它也可以立即处理并给出结果，极大地提升了用户的工作效率。

　　**步骤 01** 明确问题与获取方法。用户需要向 ChatGPT 清楚地描述自己在使用 Excel 过程中遇到的问题，并且尽可能说出希望达到的最终结果或目标。比如，可能需要帮助理解某个公式的用法，或者希望了解如何进行数据分析等，好让 ChatGPT 根据问题找出合适的解决方法。

在对话框中输入：我有一个销售数据表，我想要在 Excel 中根据销售代表的名字找出他们的最高销售额，应该怎么做呢？

### ChatGPT：

要在 Excel 中根据销售代表的名字找出他们的最高销售额，你可以使用 MAXIFS 函数（适用于 Excel 2019 及之后的版本），或者使用数组公式（适用于早期版本的 Excel）。下面我会分别解释这两种方法。

#### 使用 MAXIFS 函数

如果你的 Excel 版本支持 MAXIFS 函数，这将是一个简单直接的方法。MAXIFS 函数可以根据一个或多个条件来计算最大值。假设销售代表的名字在 A 列，销售额在 B 列，那么你可以使用如下公式来找到特定销售代表的最高销售额，如图 3.7 所示。

```excel
=MAXIFS(B:B, A:A, "销售代表的名字")
```

图 3.7

将"销售代表的名字"替换成你想要查找的销售代表的实际名字。

#### 使用数组公式（适用于旧版本的 Excel）

如果你使用的 Excel 版本不支持 MAXIFS 函数，那么你可以使用数组公式结合 MAX 和 IF 函数来实现相同的目标。以下是具体操作示例。

1. 选中一个单元格输入以下公式，如图 3.8 所示。

```excel
=MAX(IF(A:A="销售代表的名字", B:B))
```

图 3.8

将"销售代表的名字"替换为实际的名字。

2. 在输入公式的时候，不要直接按 Enter 键。而是按下快捷键 Ctrl + Shift + Enter，这样 Excel 会将其作为一个数组公式处理。你会看到公式周围出现了大括号（这里只在手动输入时需要，如果你是复制、粘贴的公式，直接按 Enter 键即可）。

#### 注意事项

- 确保替换公式中的列引用（A:A 和 B:B）以及条件（"销售代表的名字"），与你的实际数据相匹配。
- 使用 MAXIFS 函数或数组公式时，确保数据没有错误值，否则可能影响结果。

**锦囊妙计**

ChatGPT 可能会根据不同的 Excel 版本给出不同的解决方法，用户可以根据自己的 Excel 版本和偏好来选择合适的方法。

步骤 02 快速处理表格问题。根据 ChatGPT 提供的方法和提示在 Excel 中自行手动对表格进行操作。除此之外，ChatGPT 还提供了一种更为便捷和有效率的处理方式——上传表格，它会在线分析和处理表格中的数据并且直接告诉用户结果。

在对话框中输入：**我有一张销售数据表，你可以帮我们在 Excel 中根据销售代表的名字找出他们的最高销售额吗？**

> ChatGPT:
>
> 当然，我可以帮你解决这个问题。请上传你的销售数据表，我将指导你如何根据销售代表的名字找出他们的最高销售额。

单击对话框左侧的"上传"按钮上传文件，等文件传输完成后，按 Enter 键或者单击右侧的箭头按钮发送，如图 3.9 所示。然后等待 ChatGPT 生成结果即可。

图 3.9

> ChatGPT:
>
> 数据表包含两列：销售代表的名字和销售额。为了找出每个销售代表的最高销售额，我们可以使用 Python 进行处理。让我来帮你计算一下。
>
> 根据你的销售数据表，每个销售代表的最高销售额如下：
> - 孙小海的最高销售额是 220。
> - 李小丹的最高销售额是 300。
> - 王小强的最高销售额是 250。
> - 陈小薇的最高销售额是 160。
>
> 如果你需要将这个结果保存回 Excel 文件或者需要进一步的帮助，随时告诉我！

┏━ 锦囊妙计 ┓

（1）上传表格给 ChatGPT 进行分析会比自行手动操作节省更多的时间，如果 ChatGPT 一开始没有采用这种方式，那么用户可以向它提出需求，让它直接帮忙分析出答案。

（2）为了保护隐私，用户需要确保在上传文件之前，移除或脱敏所有敏感或个人信息。

步骤 03 学习和资源推荐。想要熟练掌握 Excel，需要学习的技能与知识点比较多。用户可以向 ChatGPT 进行询问，它会推荐相应的学习资源和学习策略，包括官方或者网络教学视频、在线课程平台以及 Excel 的社区论坛等。

## 3.5 使用 ChatGPT 解读函数公式

函数公式是 Excel 的核心特征之一，它们赋予了 Excel 处理、分析和呈现数据的强大能力。Excel 的函数公式范围很广，当用户想要了解其中某种函数的原理及使用方法时，可以直接向

ChatGPT 进行询问。

**1. 思维导图**

认识函数类型 ──▶ 解读具体函数 ──▶ 实例演示 ──▶ 反馈与调整

**2. 操作步骤**

ChatGPT 可以即时回答用户有关 Excel 函数和公式的问题，也可以根据具体问题和需要来提供定制化的解释和例子，有助于用户更熟练地掌握相关技能。

**步骤 01** 认识函数类型。Excel 中有成百上千的函数，涵盖从基础到高级的计算需求，适用于各种不同的应用场景，用户可以先让 ChatGPT 就所有函数给出一个大致的分类与简单解释，让用户有一个初步认识。

在对话框中输入：你可以介绍一下 Excel 当中有哪些函数吗？

**ChatGPT：**

这里我会介绍一些最常用的函数类别和它们的代表函数。

**文本函数**
- LEFT、RIGHT、MID：提取文本字符串中的字符。
- CONCATENATE 或 CONCAT、TEXTJOIN：用于合并文本。
- LOWER、UPPER、PROPER：转换文本的大小写。
- LEN：返回文本字符串的长度。
- FIND、SEARCH：查找文本中的子字符串。

**逻辑函数**
- IF：进行条件判断。
- AND、OR：在逻辑测试中组合多个条件。
- NOT：反转逻辑测试的结果。
- IFERROR：捕获错误并返回指定的值。

（略）

**步骤 02** 解读具体函数。在让 ChatGPT 解读函数公式之前，用户需要提出具体的问题或需求。这可以是关于特定函数的解释，如何在特定场景中使用函数，或者如何解决一个复杂的问题。

在对话框中输入：你可以帮我讲解 VLOOKUP 函数的原理和使用方法吗？

**ChatGPT：**

VLOOKUP 函数是 Excel 中非常强大的工具，用于在表格或范围中查找特定的数据。它的名字来源于"垂直查找"（Vertical Lookup）。通过指定一个查找值，VLOOKUP 能够在表格的第一列中搜索该值，并返回同一行中另一列的值。

VLOOKUP 函数的基本语法如下，如图 3.10 所示。

```excel
VLOOKUP(lookup_value, table_array, col_index_num, [range_lookup])
```

图 3.10

lookup_value：你想要查找的值。

table_array：包含想要查找的值的数据范围或表格。

col_index_num：在找到匹配的查找值后，你想从哪一列中获取数据。从 table_array 的第一列开始计数。

[range_lookup]：这是一个可选参数，决定了查找匹配的方式。如果为 TRUE 或省略，VLOOKUP 将使用近似匹配；如果为 FALSE，VLOOKUP 将使用精确匹配。

**步骤 03** 实例演示。如果无法通过 ChatGPT 的解释来完全理解该函数公式，可以让 ChatGPT 用一个或多个例子来演示如何在实际情境中应用该函数。

在对话框中输入：**请举一个具体的例子来讲解这个函数。**

⑤ **ChatGPT：**

当然，让我们通过一个具体的例子来详细讲解如何使用 Excel 中的 VLOOKUP 函数。

**场景**

假设我们有一个简单的员工工资表，如图 3.11 所示。

| 员工编号 | 姓名 | 部门 | 工资 |
| --- | --- | --- | --- |
| 001 | John Doe | 营销 | $50,000 |
| 002 | Jane Smith | 技术支持 | $55,000 |
| 003 | Emily Davis | 人事 | $52,000 |

图 3.11

我们的目标是使用 VLOOKUP 函数来查找特定员工的工资信息。例如，我们想要找到 John Doe 的工资。

**步骤**

1. 打开 Excel，并输入上述数据或者类似的数据到一个新的工作表中。

2. 选择一个单元格，在这个例子中，我们选择 E2 单元格来输入 VLOOKUP 函数。

3. 输入 VLOOKUP 函数。

● 我们要在 E2 单元格输入以下公式，如图 3.12 所示。

```php
=VLOOKUP("John Doe", A2:D4, 4, FALSE)
```

图 3.12

● 这里的 John Doe 是我们想要查找的值（lookup_value）。

AI办公助手：ChatGPT+Office智能办公从入门到实践（80集视频课）

- A2:D4 是查找范围的数据表（table_array），包括 4 列数据。
- 4 是列索引数（col_index_num），表示我们想要的返回值位于第四列，也就是工资列。
- FALSE 表示我们进行精确匹配，确保我们精确找到"John Doe"的记录。

4. 按下 Enter 键，执行公式。

**结果**

执行上述 VLOOKUP 公式后，E2 单元格将显示 $50,000，这是 John Doe 的工资。

（略）

**步骤 04** 反馈与调整。用户可以根据自己的理解向 ChatGPT 提供反馈或提出新问题，如果有需要，ChatGPT 可以向用户重新解释某些概念或者以不同的方式提供更多的例子和解释。

## 3.6 使用 ChatGPT 编写函数公式

ChatGPT 中含有大量的函数公式，在需要使用某些函数公式时，用户可能会忘记其所对应的语法。ChatGPT 可以帮助用户在不熟悉的情况下快速轻松地生成函数公式，提高工作效率、准确性和灵活性。

**1. 思维导图**

明确需求 ──→ 描述需求与获取建议 ──→ 验证和调整

**2. 操作步骤**

ChatGPT 可以根据用户描述的需求，生成相应的公式，并且可以帮助用户尽可能地避免在公式中出现语法错误或逻辑错误，提高公式的准确性。

**步骤 01** 明确需求。用户需要明确想要实现的目标，以及所需的 Excel 函数的功能。例如，对数据进行求和、平均值计算、逻辑判断等操作。如果不知道该如何进行描述，可以向 ChatGPT 进行提问。

在对话框中输入：**我需要你帮我编写 Excel 的函数公式，我需要提供什么信息？**

**⑤ ChatGPT：**

为了编写 Excel 的函数公式，你可以提供以下信息。

**1. 任务描述：** 详细描述你希望通过 Excel 函数完成的任务。比如，你可能需要计算某列的总和、找出最大值或根据条件筛选数据等。

**2. 数据布局：** 描述你的数据是如何组织的。例如，哪些数据位于哪个工作表中，数据列的标题是什么，你想要分析或操作的数据范围等。

**3. 期望的结果：** 描述你希望函数返回什么样的结果。如果可能的话，给出一个具体的例子或者结果的格式。

**4. 已尝试的解决方法**：如果你已经尝试了某些函数或方法但没有成功，告诉我你尝试了什么，这有助于我提供更准确的帮助。

根据你提供的信息，我可以更准确地编写适合你需求的 Excel 函数公式。

步骤 02 描述需求与获取建议。在明确需求后，就可以与 ChatGPT 进行交互，描述需求和所需的 Excel 函数功能了。用户可以使用自然语言来描述需求，ChatGPT 会根据描述提供相应的建议和 Excel 函数公式。

在对话框中输入：我有一组销售数据，里面包含过去 12 个月的销售数据（从 A2 到 A13），对应的时间序列（从 1 到 12）在 B2 到 B13 中。我希望计算平均销售额。请帮我编写一个函数公式。

**⑤ ChatGPT：**

我已了解了您的需求，您需要计算过去 12 个月销售数据的平均值。您可以使用 Excel 中的 AVERAGE 函数来实现这一功能。下面是相应的函数公式，如图 3.13 所示。

```scss
=AVERAGE(A2:A13)
```

图 3.13

这个函数公式将计算 A2 到 A13 单元格中销售数据的平均值，即过去 12 个月的平均销售额。将此公式放置在适当的单元格中即可获取平均销售额。

步骤 03 验证和调整。用户可以将 ChatGPT 提供的建议应用到 Excel 中，并验证其是否符合自己的预期。选择上述函数公式，右击，选择"复制"命令，如图 3.14 所示。

图 3.14

打开 Excel 工作表，在单元格中粘贴复制该公式，按 Enter 键确认，即可得到平均销售额的结果。

# 3.7 使用 ChatGPT 检查函数公式

在 Excel 中使用函数公式时，可能会遇到无法计算或者计算结果出错的情况，此时可以利用 ChatGPT 来帮助检查这些函数公式的正确性，并根据它提供的即时反馈和修正建议来减

AI办公助手：ChatGPT+Office智能办公从入门到实践（80集视频课）

少潜在的数据错误。

**1. 思维导图**

准备信息 ⟶ 提出问题 ⟶ 改进与应用

**2. 操作步骤**

在应用公式之前，用户可以先询问 ChatGPT 该公式是否合理，ChatGPT 可以即时提供关于函数和公式是否正确的反馈，并解释可能的错误原因或提供修正建议。

**步骤 01** 准备信息。用户需要先了解该如何向 ChatGPT 详细描述想要检查的函数公式的信息和数据表的大概结构，这有利于 ChatGPT 给出更准确的反馈和建议。

> 在对话框中输入：你正在处理一个销售数据表，你想计算每个产品的平均销售价格，我不确定使用的公式是否正确，你可以帮助我吗？

> **ChatGPT：**
>
> 当然可以帮助你计算每个产品的平均销售价格。为了更好地帮助你，我需要了解你目前使用的公式是什么，以及销售数据的大概结构，比如有哪些列（如产品名称、销售数量、销售价格等），这样我可以提供更准确的帮助。

**步骤 02** 提出问题。将明确后的函数信息与表格结构告诉 ChatGPT，并向它询问公式的正确性、可能存在的问题或改进建议，ChatGPT 就能根据这些信息进行分析并给出回应。

> 在对话框中输入：这个表格包含两列，第一列是"产品 ID"，第二列是"销售价格"。具体数据如下：第一行是表头，包含"产品 ID"和"销售价格"两个字段。接下来的行列列出了各个产品的销售信息。具体来说，产品 ID "A1" 有两个销售记录，价格分别为100 元和 120 元；产品 ID "A2" 也有两个销售记录，价格分别为 200 元和 220 元；最后，产品 ID "A3" 有一个销售记录，价格为 150 元。我使用的公式是：=AVERAGEIF(A2:A6, "A1"B2:B6)

> **ChatGPT：**
>
> 你提到的公式似乎有一个小小的格式错误。正确的 AVERAGEIF 函数格式是这样的，如图 3.15 所示。

```plaintext
=AVERAGEIF(range, criteria, [average_range])
```

图 3.15

- range：你要应用条件的范围。
- criteria：你设定的条件，用于决定哪些单元格应该被包含在平均值计算中。

- average_range：可选项，是实际用来计算平均值的数值范围。如果省略此项，
函数将使用 range 中的数值来计算平均值。

你的公式中似乎缺少了一个逗号分隔的 criteria 和 average_range。根据你的描述，正确的公式应该如图 3.16 所示。

```plaintext
=AVERAGEIF(A2:A6, "A1", B2:B6)
```

图 3.16

这个公式的意思是，它会在 A2:A6 范围内寻找所有等于"A1"的单元格，并计算对应在 B2:B6 范围内的数据的平均值。这正是你需要的，用于计算产品 ID 为"A1"的平均销售价格。所以，只要在 "A1" 和 B2:B6 之间加上逗号，你的公式就是正确的。

> **锦囊妙计**
>
> （1）如果公式的工作依赖特定的上下文或数据结构，请提供足够的信息，以便 ChatGPT 可以准确理解需求。
>
> （2）如果函数公式比较复杂，可以分步骤提出问题，先从公式的某个部分开始，逐步扩展到整个公式。

**步骤 03** 改进与应用。用户可以根据 ChatGPT 提供的反馈来修正 Excel 公式，然后在 Excel 中应用修正后的公式，并验证结果是否符合预期。

> **锦囊妙计**
>
> 如果修正后的公式仍未达到预期效果，可以将最新的情况再次反馈给 ChatGPT，寻求进一步的帮助。

## 3.8 使用 ChatGPT 进行统计求和

ChatGPT 可以根据需求帮助用户解读、编写和检查函数公式，其中有许多函数是需要经常使用的，比如统计求和。用户可以使用 ChatGPT 来巩固和熟悉这些常用函数公式的用法，提升数据处理的速度。

**1. 思维导图**

简单求和 ━━➤ 使用求和函数 ━━➤ 询问快捷方式 ━━➤ 获取示例

**2. 操作步骤**

用户既可以简单直接地向 ChatGPT 询问求和结果，又可以使用求和函数来完成求和，同时，还可以向 ChatGPT 学习和巩固一些关于 Excel 数据处理的基础技能。

**步骤 01** 简单求和。若需要计算的样本数量不多，只需要向 ChatGPT 提供想要求和的

数字列表，就可以使用这种简单直接的方式来获取求和结果。

在对话框中输入：**请根据下列销售列表中的数据，帮我计算出小组 A 的销售数据总和。**
**小组 A 销售数据**：100, 200, 150, 300, 250, 400, 350
**小组 B 销售数据**：80, 210, 140, 340, 230, 410, 360
**小组 C 销售数据**：90, 220, 160, 310, 240, 390, 370

> ⑤ **ChatGPT：**
>
> 小组 A 的销售数据总和为 1 750。这表示在一周内，小组 A 的总销售额达到了 1 750。
> 如果你需要对其他小组的销售数据进行分析，或者有其他任何问题，随时告诉我。

**步骤 02** 使用求和函数。在 Excel 工作表中进行数据求和，通常会用到求和函数（SUM），此时可以借助 ChatGPT 来认识和熟悉这个最基础且常用的函数公式。

在对话框中输入：**我们要如何在 Excel 中使用求和函数公式？**

> ⑤ **ChatGPT：**
>
> Excel 中的求和函数（SUM）是一种非常基础且常用的用来计算一系列数值总和的函数。
> 你可以通过以下步骤来实现这一功能。
>
> **1. 选择一个单元格**：首先，选定你希望显示总和结果的单元格，通常是数据列或行的
> 下一个空白单元格。
>
> **2. 输入求和公式**：在选定的单元格中输入求和公式。求和公式的基本格式是 =SUM
> （区域），其中"区域"是你想要求和的单元格范围。例如，如果你想要求 A1 到 A10 单元
> 格中数值的总和，你应该输入 =SUM(A1:A10)。
>
> **3. 执行公式**：输入公式后，按下 Enter 键执行该公式。Excel 会计算指定范围内所有单
> 元格的数值总和，并在你输入公式的单元格中显示结果。

**步骤 03** 询问快捷方式。Excel 中有许多快捷操作，用户可以向 ChatGPT 询问这些快捷
方式，以使自己的工作更高效。

在对话框中输入：**有哪些快捷方式可以帮我们进行统计求和？**

> ⑤ **ChatGPT：**
>
> 在 Excel 中进行统计求和，有几种快捷方式可以使这项工作更加高效。
> **使用求和按钮**
> **1. 自动求和**：在 Excel 的"主页"选项卡中，有一个名为"自动求和"的按钮（通常
> 显示为 Σ 图标）。你可以通过选择你想要求和的一系列单元格（包括你希望显示总和的下一
> 个空白单元格），然后单击这个按钮，快速完成求和。
>
> **2. 键盘快捷键（与 Alt 键组合）**：按下 Alt 键，然后按 = 键，将自动插入 SUM 函数到
> 你选定的区域，并尝试选择上方或左侧的相邻单元格进行求和。确认选区后，按下 Enter
> 键完成操作。

**直接输入公式**

**1. 手动输入公式：** 在任意单元格中输入 =SUM（然后选择你想要求和的单元格区域），闭合括号，最后按 Enter 键。这种方法虽然不是快捷操作，但可以给予你更多的控制，特别是当你需要定制求和范围时。

**2. 快速填充（双击填充手柄）：** 如果你已经在一个单元格中使用了求和公式，并且希望将这个公式应用到列或行的其他部分，你可以选择该单元格，然后双击位于单元格右下角的小方块（填充手柄）。Excel 会自动将公式复制到该列或行的其余部分，直到遇到空白单元格。

**步骤 04** 获取示例。为了更好地理解这些操作方式，可以让 ChatGPT 用具体的示例来展示如何在实际情况中运用求和函数。

**在对话框中输入：请用一个具体的示例来说明上述过程。**

**⑤ ChatGPT：**

**Alex：** 嗨，我有一张 Excel 表格，里面记录了一周内每天的销售额。我想要快速计算这一周的总销售额。我应该怎么做？

**你：** 很简单，你可以使用 Excel 的求和函数。你的数据是怎么排列的？假设它们是从 A1 到 A7 单元格，每个单元格代表一天的销售额。

**Alex：** 对，就是这样的。

**你：** 好的，在 A8 单元格中输入公式 =SUM(A1:A7)。这个公式会告诉 Excel 计算 A1 到 A7 单元格中数值的总和。

**Alex：** 我输入了公式并按了 Enter 键，现在 A8 单元格显示了这一周的总销售额。真是太方便了！

**你：** 是的，使用求和函数是处理此类任务的快速方法。记住，如果你想要对其他列或行进行同样的操作，只需调整公式中的单元格范围即可。

**Alex：** 如果我想要计算下一周的总销售额，但还没有所有数据，我可以提前输入公式吗？

**你：** 当然可以。即使某些单元格暂时为空，你也可以提前输入公式。比如，如果下一周的销售额将记录在 A9 到 A15 单元格中，那么你现在就可以在 A16 单元格输入 =SUM(A9:A15)。当你在 A9 到 A15 中填入数据时，A16 单元格会自动更新，显示新的总和。

**Alex：** 太棒了，这样我就可以提前准备我的表格了。谢谢你的帮助！

**你：** 不用谢，很高兴能帮到你。如果还有任何问题，随时告诉我。

通过这个对话，我们展示了如何在实际情况中使用 Excel 的求和函数来计算一系列数值的总和，以及如何提前设置公式以自动更新总和。这种方法不仅节省时间，而且随着数据的添加或更改，能够确保信息始终是最新的。

## 3.9 使用 ChatGPT 计算平均值

在 Excel 中，计算平均值是一种常见且有用的功能，它在数据分析和处理中发挥着重要作用。作为有益的学习和操作辅助工具，ChatGPT 可以帮助用户学习和解决 Excel 中的平均值计算问题，在提高 Excel 操作技能的同时，增强对数据分析基本概念的理解。

## 1. 思维导图

直接询问 ⟶ 使用求平均值函数 ⟶ 询问快捷方式 ⟶ 获取示例

## 2. 操作步骤

ChatGPT 可以使用易于用户理解的语言提供指导，帮助用户学习如何在 Excel 中计算平均值。面对具体的问题或者遇到操作上的困难时，用户也可以直接询问 ChatGPT，及时获取帮助和解答。

**步骤 01** 直接询问。当需要计算平均值的样本数量比较简单时，可以通过向 ChatGPT 提问的方式来获取计算结果。

---

在对话框中输入：**我想计算一组数据的平均值。**

**⑤ ChatGPT：**

好的，你可以提供一组数据吗？我会帮你计算平均值。

---

在对话框中输入：**这组数据是 10, 20, 30, 40, 50。**

**⑤ ChatGPT：**

我们要计算这组数据的平均值。平均值的计算方法是将所有的数据加起来，然后除以数据的总个数。对于这组数据，平均值计算方式如下：

$(10 + 20 + 30 + 40 + 50) / 5 = 150 / 5 = 30$

这样，我们得到的平均值就是 30。

---

**步骤 02** 使用求平均值函数。在 Excel 中，可以使用 AVERAGE 函数快速计算任意数据集的平均值，通过与 ChatGPT 互动，还可以获取正确的步骤或公式来得到计算结果。

---

在对话框中输入：**我们要如何在 Excel 中使用求平均值函数？**

**⑤ ChatGPT：**

在 Excel 中使用求平均值的函数通常用到的是 AVERAGE 函数，该函数可以计算一组数值的平均值。以下是详细的使用步骤：

1. **选择一个单元格**：首先，选择一个单元格用于显示计算出的平均值。

2. **输入 AVERAGE 函数**：在选定的单元格中输入求平均值的公式。求平均值公式的基本格式是 =AVERAGE（范围），其中"范围"是希望计算平均值的单元格区域。例如，如果你想要求 A1 到 A10 单元格中数值的平均值，你应该输入 =AVERAGE（A1:A10）。

3. **执行公式**：输入公式后，按下 Enter 键执行该公式。Excel 会计算指定范围内所有单元格数据的平均值，并在你输入公式的单元格中显示结果。

---

询问快捷方式。掌握快捷操作的技巧可以显著提高数据处理的速度和准确性，同时，作为一项有价值的技能，也可以在未来的项目和工作中继续发挥作用。

---

**在对话框中输入：有哪些快捷方式可以帮我们进行求平均值的计算？**

**ⓢ ChatGPT：**

在 Excel 中，除了使用 AVERAGE 函数，还有几个快捷方式可以帮助你快速计算平均值，特别是当你需要对数据进行快速查看而不一定需要将结果放在工作表中时。

**1. 状态栏平均值**

- 首先，选择你想要计算平均值的一列或多列的数据。
- 然后，查看 Excel 窗口底部的状态栏。默认情况下，Excel 会显示所选单元格的总和和平均值（以及其他统计信息，如计数和最小 / 最大值）。
- 如果你在状态栏中看不到平均值，可以在状态栏上右击，然后在弹出的快捷菜单中选择"平均值"命令，以便它显示。

**2. 快速分析工具**

- 选择你的数据范围。
- 在选择数据范围之后，你可能会看到工作表右下角出现一个小的按钮（快速分析按钮），单击它。
- 在快速分析选项中，选择"汇总"选项，然后选择"平均值"选项。Excel 会在数据下方立即生成平均值的结果。

**3. 快捷键插入函数**

- 如果你想要更快地插入 AVERAGE 函数，可以先选中你想要输出结果的单元格，然后按下快捷键 Alt+= ，自动启动"自动求和"功能，虽然默认是求和，但你可以通过键盘的上下箭头选择 AVERAGE 函数，然后按 Enter 键确认。

---

步骤 04 获取示例。用户可以让 ChatGPT 举例说明使用函数公式求取平均值的过程，以增强用户的理解和记忆。

---

**在对话框中输入：你可以举一个例子来说明如何在 Excel 中求取平均值吗？**

**ⓢ ChatGPT：**

当然，让我带你详细了解如何在 Excel 中求取一组数据的平均值。假设我们有一个数据集，记录了某班级五名学生的数学成绩，具体如下：

| 学生 | 成绩 |
| --- | --- |
| 学生 A | 85 |
| 学生 B | 90 |
| 学生 C | 75 |
| 学生 D | 88 |
| 学生 E | 92 |

这些成绩被记录在 Excel 的 A2:B6 单元格区域内（A 列为学生姓名，B 列为对应的成绩）。我们想要计算这五名学生数学成绩的平均值。

### 使用 AVERAGE 函数

#### 1. 插入 AVERAGE 函数

- 在 B7 单元格（或任何你选择用于显示平均成绩的单元格）中输入 =AVERAGE(B2:B6)。告诉 Excel 计算 B2 到 B6 单元格区域内的平均值。
- 按下 Enter 键，Excel 会计算出平均值并在 B7 单元格显示结果。

#### 2. 使用状态栏

- 仅需选择 B2 到 B6 单元格，然后查看 Excel 窗口底部的状态栏。你会在那里直接看到选定单元格的平均值（如果状态栏没有显示平均值，你可能需要在状态栏上右击，然后选择显示平均值命令）。

#### 3. 快速分析工具

- 选择 B2 到 B6 的单元格，单击出现在右下角的快速分析按钮（一个小的灯泡图标）。
- 选择"汇总"选项卡，然后单击"平均值"按钮。Excel 将在数据下方创建一个新的单元格，并显示计算出的平均成绩。

## 3.10 使用 ChatGPT 计算最大值与最小值

在 Excel 中，求取最大值与最小值的功能也是非常实用的，它可以应用于多种数据分析、数据管理和决策制定场景中。ChatGPT 可以为用户提供直观易懂的指导，帮助用户快速掌握如何在 Excel 中求取最大值和最小值。

### 1. 思维导图

使用 MAX 函数找出最大值 ⟶ 举例说明 ⟶ 使用 MIN 函数找出最小值 ⟶ 应用与反馈

### 2. 操作步骤

打开 ChatGPT 对话框，可以直接询问该如何在 Excel 中利用函数查找出最大值与最小值，ChatGPT 除了可以解释函数的工作原理，还可以告诉用户这些函数在不同场景下的变体和使用技巧，并为用户的学习过程提供支持。

**步骤 01** 使用 MAX 函数找出最大值。如果只是需要找出一个范围或数组中的最大值，可以使用 Excel 中的 MAX 函数。

> 在对话框中输入：我们要如何在 Excel 中使用 MAX 函数？

**⑤ ChatGPT：**

以下是在 Excel 中应用 MAX 函数的步骤。

1. 确定数据范围：首先，你需要知道你想要找出最大值的数据所在的单元格范围。比如，假设你的数据位于 A1 到 A10 单元格区域内。

**2. 选择函数位置**：接下来，你需要决定在哪个单元格中显示最大值的结果。假设你选择了 B1 单元格。

**3. 输入 MAX 函数：**

● 单击你在步骤 2 中选择的单元格（在我们的例子中是 B1 单元格）。

● 输入 =MAX(A1:A10)，这里 A1:A10 是你希望找出最大值的数据范围。如果你的数据在不同的单元格，只需相应地更改范围即可。

● 按下 Enter 键，Excel 会计算出所选范围内的最大值，并在你选择显示结果的单元格中显示出来。

**4. 调整公式（可选）**：如果你的数据范围发生变化，你可以随时调整公式中的范围来反映这一变化。

┌─■ **锦囊妙计** ■┐

　　MAX 函数不局限于查找一列或一行中的最大值，它也可以用于找出多个范围或单独列出的数据中的最大值。例如，使用 =MAX（A1:A10, C1:C10, D1）会找出 A1 到 A10、C1 到 C10，以及 D1 单元格中所有数据的最大值。

**步骤 02** 举例说明。为了更好地理解上述过程，可以让 ChatGPT 列举一个具体的例子来说明 MAX 函数的具体用法。

**在对话框中输入：请以一个具体的例子来体现上述过程。**

**ChatGPT：**

当然可以。假设我们在 Excel 中有以下销售数据，记录在 A 列，从 A1 到 A5 的数据：

月份　销售额

1 月　　500

2 月　　300

3 月　　650

4 月　　480

5 月　　560

我们想找出这五个月中的最高销售额。以下是具体步骤。

**1. 确定数据范围**：销售额数据位于 A2 到 A6 单元格区域内（包括月份标签的话是 A1 到 A6 单元格区域，但我们只分析数据，所以是 A2 到 A6 单元格区域）。

**2. 选择函数位置**：决定在 B 列的某个单元格中显示最大销售额的结果，比如 B1 单元格。

**3. 输入 MAX 函数：**

● 单击 B1 单元格。

● 输入 =MAX(A2:A6)。这里的 A2:A6 代表我们想要找出销售额最大值的数据范围。

● 按下 Enter 键，Excel 会计算出 A2 到 A6 单元格区域内的最大值，并在 B1 单元格中显示。根据这个例子，B1 单元格中会显示 650，因为在销售数据中，3 月的销售额 650 是最高的。

**步骤 03** 使用 MIN 函数找出最小值。在 Excel 中使用 MIN 函数找出一系列数据中最小值的过程非常类似于使用 MAX 函数找出最大值的过程。

在对话框中输入：我们要如何在 Excel 中使用 MIN 函数？

**ChatGPT：**

以下是应用 MIN 函数的具体步骤。

**1. 确定数据范围**：首先，确定你想要分析的数据所在的单元格范围。例如，假设你的数据位于 A1 到 A10 单元格区域。

**2. 选择函数位置**：接着决定在哪个单元格中显示最小值的结果。比如，你选择 B1 单元格。

**3. 输入 MIN 函数：**

● 单击你选择的单元格（例如 B1）。

● 输入 =MIN(A1:A10)，这里的 A1:A10 单元格区域是你想要找出最小值的数据范围。如果你的数据分布在不同的单元格，只需调整相应的范围即可。

● 按 Enter 键。Excel 会计算出所选范围内的最小值，并在你选择显示结果的单元格中展示这个值。

**4. 调整公式（如果需要）**：如果你的数据范围发生了变化，你可以随时调整公式中的范围以反映这一变化。

┌ **锦囊妙计** ┐

（1）MIN 函数可以应用于单一范围内的数据，也可以用来比较多个范围或独立列出的数据中的最小值。例如，=MIN（A1:A10, C1:C10, D1）会计算并返回 A1 到 A10、C1 到 C10，以及 D1 单元格中所有数据的最小值。

（2）用户也可以要求 ChatGPT 举一个具体的例子来说明 MIN 函数的使用。

**步骤 04** 应用与反馈。虽然 ChatGPT 通过解释与示例展示了如何通过函数公式来获取最大值与最小值，但用户仍然需要打开 Excel，在真正的工作表中去检验上述步骤是否准确。如果在操作过程中出现任何错误提示，可以反馈给 ChatGPT，让它继续给出解决的建议。

┌ **锦囊妙计** ┐

对于较为复杂的需求，比如需要从多个工作表中找出最大值，或者你想自动化某些重复的任务，可以让 ChatGPT 通过编写简单的脚本来完成（例如 Python），具体步骤可以询问 ChatGPT。

## 3.11 使用 ChatGPT 更新日期与时间

Excel 的函数公式类型有很多，其中日期和时间函数是处理和分析与时间相关的数据的强大工具。它们可以帮助用户执行各种操作，比如计算日期之间的差异、自动显示当前日期和时间等。ChatGPT 可以帮助用户熟练地使用这些函数，让用户可以有效地管理和分析与日期和时间相关的数据。

## 1. 思维导图

认识日期和时间函数 ⟶ 明确问题与获取方法 ⟶ 获取示例

## 2. 操作步骤

在 Excel 中处理日期和时间数据时，可以让 ChatGPT 提供即时的解答和具体的公式示例，并且根据用户的问题提供定制化的答案和解决方案。

**步骤 01** 认识日期和时间函数。在 Excel 中，关于日期和时间的函数都有其特定的应用场景，用户可以向 ChatGPT 询问关于这些函数的不同用法，它能够提供在多种实际场景中应用这些函数的例子。

---

**在对话框中输入：Excel 中有哪些用于日期与时间的函数公式？**

**⑤ ChatGPT：**

下面是一些常用的日期和时间函数及其作用。

1.TODAY()：无参数，返回当前日期。

2.NOW()：无参数，返回当前日期和时间。

3.DATE(year,month,day)：接收年、月、日作为参数，返回对应的日期值。

4.DATEDIF(start_date,end_date,"unit")：计算两个日期之间的差异。单位可以是年（"Y"）、月（"M"）或天（"D"），以及其他几个选项，根据需要来计算时间差。

5.DAY(date)：返回指定日期的天数部分。

6.MONTH(date)：返回指定日期的月份部分。

（略）

---

┌ **锦囊妙计** ┐

用户可以组合使用这些函数，以处理更复杂的与日期和时间相关的计算和分析任务。

---

**步骤 02** 明确问题与获取方法。在确定了想要解决的问题之后，就可以向 ChatGPT 提问以获取具体的解决方法了。用户可以通过交互式学习过程加深对 Excel 中日期和时间函数的理解，从而提高 Excel 应用技能水平。

---

**在对话框中输入：在 Excel 中，要如何实现自动更新日期与时间？**

**⑤ ChatGPT：**

在 Excel 中，有几种方法可以自动更新日期和时间。

**1. 使用 TODAY 和 NOW 函数**

TODAY() 函数会自动插入当前日期，每当工作表重新计算时都会更新。

NOW() 函数会自动插入当前日期和时间，同样，在每次工作表重新计算时更新。

---

**注意：** 在打开工作表或发生某些事件（如按下 F9 键进行手动重新计算）时这些函数会自动更新日期和时间。

**2. 使用 VBA 宏**

如果你需要更复杂的自动更新逻辑，可以使用 VBA（Visual Basic for Applications）编写宏来实现。

在对话框中输入：**我需要在每次打开 Excel 文档时，都能自动更新日期和时间，我该如何用 TODAY 和 NOW 函数来实现？**

**⑤ ChatGPT：**

以下是详细的步骤。

**1. 插入 TODAY 和 NOW 函数**

- 打开你的 Excel 文档。
- 选择你想显示当前日期的单元格，输入 =TODAY() 并按 Enter 键，插入当前日期，每次工作表重新计算时，这个日期就会自动更新。
- 选择另一个单元格，输入 =NOW() 并按 Enter 键，插入当前日期和时间，同样会在工作表重新计算时自动更新。

**2. 确保 Excel 设置为自动计算**

- 依次选择"文件"＞"选项"＞"公式"选项。
- 在"工作簿计算"选项区域，确保勾选了"自动"复选框。这意味着每次打开文件、执行操作，基于时间的函数，如 TODAY() 和 NOW()，都会自动更新。

（略）

**步骤 03** 获取示例。用户可以让 ChatGPT 通过更具体的例子来说明使用步骤，以强化对该函数公式的理解。同时，用户可以参考示例在 Excel 中进行实践，看这个方法是否有效。

在对话框中输入：**请举一个具体的例子来展示上述过程。**

**⑤ ChatGPT：**

**场景**

假设你正在管理一个项目跟踪表，在这个表中，你需要在 A1 单元格中显示今天的日期，以便每次查看文件时都能知道当前日期。同时，你希望在 B1 单元格中显示当前的确切时间，以便跟踪最新更新时间。

**步骤 1：使用 TODAY 和 NOW 函数**

**1. 更新日期**

- 打开你的 Excel 工作簿。
- 定位到 A1 单元格。
- 输入公式 =TODAY()。
- 按 Enter 键，现在 A1 单元格会显示当前日期。

### 2. 更新时间

- 移动到 B1 单元格。
- 输入公式 =NOW()。
- 按 Enter 键，B1 单元格现在会显示当前的日期和时间。

**步骤 2：确保自动计算功能是启用的**

为了让这些单元格在每次打开工作簿时自动更新，需要确保 Excel 的计算选项被设置为自动。

- 依次选择"文件">"选项"选项。
- 在"Excel 选项"对话框中，选择"公式"。
- 在"工作簿计算"选项区域，确保"自动"复选框被勾选。
- 单击"确定"按钮。

此后，每次打开这个 Excel 文件，A1 和 B1 单元格都会根据当前的日期和时间自动更新。记住，这种更新依赖于 Excel 的自动重新计算功能，所以如果 Excel 设置为手动计算，需要手动按 F9 键来更新这些值。

## 3.12 使用 ChatGPT 计算日期差值

在日常工作中，有时候需要计算某两个日期之间的具体天数，比如员工的工龄、项目时长等。ChatGPT 能够即时回答关于 Excel 日期差值函数如何使用的问题，帮助用户在遇到具体问题时快速获得解决方案。

### 1. 思维导图

明确问题与获取方法 ——▶ 获取示例 ——▶ 应用与反馈

### 2. 操作步骤

ChatGPT 可以根据用户的需求提供定制化的步骤和例子，帮助用户更好地理解和掌握相关知识。同时还能帮助用户进行知识整合，提供全面的学习体验。

**步骤 01** 明确问题与获取方法。在 Excel 中，可以通过多种方式来计算具体的日期差值，用户可以向 ChatGPT 进行询问，它能够提供相应的方法与应用示例。

---

**在对话框中输入：在 Excel 中有哪些方法可以计算日期差值？**

**ChatGPT：**

在 Excel 中计算日期差值主要涉及几个关键函数的使用。这里将介绍一些常用的方法和公式，以帮助你理解如何在 Excel 中处理日期差值。

#### 1. 使用 DATEDIF 函数

DATEDIF 函数是专门用于计算两个日期之间差异的函数。它的语法如下，如图 3.17 所示。

AI办公助手：ChatGPT+Office智能办公从入门到实践（80集视频课）

```scss
DATEDIF(start_date, end_date, "unit")
```

图 3.17

- start_date 是起始日期。
- end_date 是结束日期。
- "unit" 用于指定返回值的类型,常用的单位包括 "Y""M""D"(分别表示返回完整年数、返回完整月数、返回天数)。

(略)

**示例:**如果你想计算 2023 年 1 月 1 日到 2024 年 1 月 1 日之间的完整月数,可以使用以下公式,如图 3.18 所示。

```arduino
=DATEDIF("2023-01-01", "2024-01-01", "M")
```

图 3.18

### 2. 使用简单的减法

对于简单的天数差计算,可以直接使用减法。Excel 中的日期是以序列号形式存储的,所以直接相减会得到两个日期之间的天数。

**示例:**要计算 2023 年 1 月 1 日和 2024 年 1 月 1 日之间的天数,可以使用以下公式,如图 3.19 所示。

```arduino
="2024-01-01" - "2023-01-01"
```

图 3.19

### 3. 使用 NETWORKDAYS 函数

如果需要计算工作日的数量(即排除周末和指定的假日),可以使用 NETWORKDAYS 函数。它的语法如图 3.20 所示。

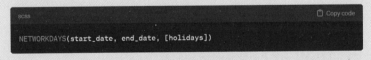

```scss
NETWORKDAYS(start_date, end_date, [holidays])
```

图 3.20

start_date 和 end_date 分别为起始日期和结束日期。

[holidays] 是一个可选参数,用于指定在计算中应排除的特定假日。

**示例:**要计算 2023 年 1 月 1 日至 2024 年 1 月 1 日之间的工作日数量,并排除 2023 年 1 月 2 日这一假日,可以使用以下公式,如图 3.21 所示。

```arduino
=NETWORKDAYS("2023-01-01", "2024-01-01", "2023-01-02")
```

图 3.21

这些方法和公式可以帮助你灵活地处理 Excel 中的日期差值问题，无论是简单的天数差，还是需要考虑工作日和假日的更复杂的情况。

步骤 02 获取示例。ChatGPT 有时候会在给用户解释函数语法时就提供一个相应的简单的示例，如果觉得这个示例不够完整和具体，可以要求 ChatGPT 单独就某个语法生成具体的示例来展示。

在对话框中输入：**请举一个具体的例子来说明 DATEDIF 函数的用法。**

> **⑤ ChatGPT：**
>
> **场景描述**
>
> 假设你是一个项目经理，需要计算项目的开始日期和预计结束日期之间的完整月份差异。项目开始于 2023 年 4 月 15 日，预计结束日期为 2024 年 1 月 10 日。
>
> **目标**
>
> 使用 DATEDIF 函数来计算从项目开始到结束的完整月份。
>
> **具体步骤与公式**
>
> 1. 在 Excel 的 A1 单元格中输入项目的开始日期：2023-04-15。
>
> 2. 在 B1 单元格中输入项目的结束日期：2024-01-10。
>
> 3. 在 C1 单元格中输入 DATEDIF 函数来计算两个日期之间的完整月份差异。公式如图 3.22 所示。

```excel
=DATEDIF(A1, B1, "M")
```

图 3.22

（略）

步骤 03 应用与反馈。在学会了具体的函数之后，就可以参考相应的例子在 Excel 中进行实际应用了，如果有不同的情况出现，可以将结果反馈给 ChatGPT 以进行进一步调整。

## 3.13 使用 ChatGPT 提取字符串

字符串作为 Excel 中文本数据的类型，通常用于表示文字信息，而文本函数能够对单元格中的字符串数据进行复杂的处理和分析。使用 ChatGPT 来编写文本函数公式，可以高效且准确地提取字符串。

**1. 思维导图**

认识和了解文本函数 ⟶ 明确需求与获取方法 ⟶ 应用与反馈

**2. 操作步骤**

　　用户可以让 ChatGPT 提供多种文本函数的语义解释和示例，然后根据具体的需求和场景选择合适的文本函数公式来帮助提取字符串。

　　**步骤 01** 认识和了解文本函数。Excel 中有大量文本函数公式，无论是数据清洗、格式化还是信息提取都能派上用场。下面先让 ChatGPT 介绍一些重要的文本函数。

---

在对话框中输入：**在 Excel 中有哪些文本函数？**

**⑤ ChatGPT：**

以下是一些重要的 Excel 文本函数及其使用说明。

**1.CONCAT 或 CONCATENATE**

● 功能：连接两个或多个文本字符串。

● 示例：=CONCATENATE("Hello", " ", "World!") 的结果为 "Hello World!"。

**2.LEFT、RIGHT、MID**

● 功能：LEFT(text, num_chars)：提取文本字符串左侧的字符。

● 示例：=LEFT("Hello World", 5) 结果为 "Hello"。

● 功能：RIGHT(text, num_chars)：提取文本字符串右侧的字符。

● 示例：=RIGHT("Hello World", 5) 结果为 "World"。

● 功能：MID(text, start_num, num_chars)：从文本字符串的指定位置开始提取字符。

● 示例：=MID("Hello World", 7, 5) 结果为 "World"。

**3.LEN**

● 功能：返回文本字符串的长度。

● 示例：=LEN("Hello") 返回 5。

**4.LOWER、UPPER、PROPER**

● 功能：转换文本的大小写。

● 示例：=LOWER("Hello World") 返回 "hello world"；=UPPER("Hello World") 返回 "HELLO WORLD"；=PROPER("hello world") 返回 "Hello World"。

（略）

---

**▌锦囊妙计 ▯**

　　这些函数可以单独使用，也可以组合使用，以实现更复杂的数据处理和分析。

---

　　**步骤 02** 明确需求与获取方法。若想在 Excel 中提取字符串，可以向 ChatGPT 描述清楚具体需求或使用场景，好让 ChatGPT 使用最适合的函数公式来解决相应的问题。

---

在对话框中输入：**假设我要编写一个函数公式，用于从身份证号码中提取员工的出生日期，我该如何操作？请举例说明。**

**⑤ ChatGPT：**

在许多国家，身份证号码中包含了个人出生日期的信息，通常是连续的数字，表示年、月、日。假设我们的身份证号码格式如下：前六位数字是出生年月日（例如"19900520"），后面跟随其他数字。你可以使用 Excel 的 MID 函数来从这样的身份证号码中提取出生日期。

**示例说明**

假设一个身份证号码的格式是"199005208765X"，其中"19900520"表示出生日期（1990年5月20日），且该身份证号码存储在 Excel 的 A 列中。

**具体操作步骤**

**1.确定出生日期的位置和长度：**在这个假设中，出生日期始终从第一位开始，长度为8位数字。

**2.编写提取函数：**你可以直接使用 MID 函数从每个身份证号码中提取前8位数字来获取出生日期。如果身份证号码存储在 A2 单元格中，则可以在 B2 单元格中写入以下公式，如图3.23所示。

```excel
=MID(A2, 1, 8)
```

图 3.23

这个公式的意思是从 A2 单元格的第1个字符开始，提取8个字符，这8个字符就是出生日期。

**应用到整列**

如果你有一个包含多个身份证号码的列表，可以将上面的公式复制到整个 B 列，来为每个身份证号码提取出生日期。这可以通过拖动单元格的填充手柄或使用填充功能来完成。

**格式转换**

如果需要将提取的出生日期从数字格式转换为日期格式，可以使用 DATE 函数进行处理，如图3.24所示。

```excel
=DATE(LEFT(B2, 4), MID(B2, 5, 2), RIGHT(B2, 2))
```

图 3.24

LEFT(B2,4) 提取年份，MID(B2,5,2) 提取月份，RIGHT(B2,2) 提取日。结果会转换为 Excel 的日期格式，可以应用不同的日期格式进行显示。

**注意**

确保身份证号码的格式是标准和一致的。如果格式有变化，比如出生日期不在开始位置，或者长度不同，需要调整公式来适应新的格式。如果数据中包含非标准或错误的格式，公式可能会返回错误或不正确的结果。

▸ 锦囊妙计 ◂

在上述例子中，如果需要 ChatGPT 对 MID 函数或者 DATE 函数的基本语法做出更详细的解释，可以向它进行询问。

**步骤 03** 应用与反馈。用户可以把这些文本函数公式应用到具体的工作表里，以检验是否可以成功提取出想要的字符串。

# 3.14 使用 ChatGPT 查找数据

当想要搜索和提取电子表格中的数据时，常常会用到查找函数。作为智能办公助手，ChatGPT 能够在用户使用 Excel 查找函数时提供帮助，优化工作流程，并增强用户处理复杂数据的能力。

**1. 思维导图**

认识和了解查找函数 ⟶ 明确需求与获取方法 ⟶ 应用与反馈

**2. 操作步骤**

ChatGPT 可以根据用户的具体需求提供相关的函数使用示例和步骤解析，帮助用户更好地理解和掌握查找函数的使用方法。

**步骤 01** 认识和了解查找函数。ChatGPT 可以即时回答用户查找函数的类型有哪些，并可以根据需要为用户提供这些函数的使用方法、语法和参数等。

---

**在对话框中输入：在 Excel 中有哪些查找函数？**

**⑤ ChatGPT：**

在 Excel 中，有几个常用的查找函数，这些函数可以帮助用户在表格或数据集中搜索和匹配数据。以下是一些主要的查找函数。

1.VLOOKUP（垂直查找）

● **功能**：在表格的列中查找特定的数据并返回相同行中的数据。

● **使用方式**：=VLOOKUP（查找值，范围，列号，[近似匹配]）。

2.HLOOKUP（水平查找）

● **功能**：在表格的行中查找特定的数据，并返回相同列中的数据。

● **使用方式**：=HLOOKUP（查找值，范围，行号，[近似匹配]）。

3.LOOKUP（查找）

● **功能**：在一行或一列中查找数据，并返回数据数组中相应位置的值。

● **使用方式**：=LOOKUP（查找值，查找范围，结果范围）。

4.MATCH（匹配）

● **功能**：搜索指定项在数组中的位置。

● **使用方式**：=MATCH（查找值，查找范围，[匹配类型]）。

5.INDEX（索引）

● **功能**：根据行号和列号返回表格中的具体数据。

● **使用方式**：=INDEX（数组，行号，[列号]）。

6.XLOOKUP

● **功能**：一个比 VLOOKUP 更强大和灵活的查找函数，可以在数组中查找数据，并返

---

回任意方向的结果。
- 使用方式：=XLOOKUP（查找值, 查找数组, 返回数组,［如果未找到］,［匹配模式］,
［搜索模式］）。

┌─ 锦囊妙计 ─┐

这些函数可以组合使用，以完成更复杂的数据查询和处理任务。例如，INDEX 和 MATCH 常常一起使用来替代 VLOOKUP，提供更高的灵活性和效率。

**步骤 02** 明确需求与获取方法。某些查找函数的使用方法较为复杂，当有需要时，可以让 ChatGPT 用实例来演示该函数的操作方法，以快速地理解和掌握该函数公式。

在对话框中输入：**请举一个具体的例子来说明 INDEX 和 MATCH 函数的使用过程，要求写出对话。**

⑤ ChatGPT：

假设我们有一个场景，在 Excel 中组合使用 INDEX 和 MATCH 函数来帮助用户查找特定信息。这里将通过一个具体的对话来演示如何使用这两个函数。

**1. 场景设定**

**背景：**Tom 是一位数据分析师，他正在分析一份产品销售报告。

**数据表：**如图 3.25 所示为产品销售数据表。

| A | B | C |
|---|---|---|
| 101 | 钢笔 | 250 |
| 102 | 铅笔 | 175 |
| 103 | 橡皮 | 320 |

图 3.25

**任务：**Tom 需要查找产品名称为"铅笔"的销售量。

**2. 对话**

**Tom：**我需要查找名为"铅笔"的产品的销售量，但我不记得它的行号。我应该如何在 Excel 中快速找到这个数据呢？

**Excel 专家：**Tom, 你可以使用 INDEX 和 MATCH 函数的组合来查找"铅笔"的销售量。MATCH 函数可以帮你找到"铅笔"在产品名称列的位置，而 INDEX 函数则可以使用这个位置来从销售量列获取对应的值。

**Tom：**听起来很合理！具体该如何操作呢？

**Excel 专家：**首先，你需要使用 MATCH 函数来找到"铅笔"在 B 列的位置。公式如图 3.26 所示。

```
less                                              📋 Copy code

=MATCH("铅笔", B2:B4, 0)
```

图 3.26

"铅笔"是你要查找的名称，B2:B4 是包含产品名称的列，而 0 代表精确匹配。

Tom：好的，我试了一下，这个公式返回了 2，这应该是"铅笔"在 B 列的相对位置。

Excel 专家：完美！现在你可以用这个位置通过 INDEX 函数从销售列 C 中获取对应的销售量。公式如图 3.27 所示。

```less
=INDEX(C2:C4, MATCH("铅笔", B2:B4, 0))
```

图 3.27

这里，C2:C4 是销售量的范围，而 MATCH 函数的返回值是"铅笔"的位置。

Tom：我输入了这个公式，它返回了 175，这就是"铅笔"的销售量！

Excel 专家：正是如此，Tom。这种组合非常强大，尤其是在处理大型数据表时，可以帮助你快速定位和提取需要的数据。

**锦囊妙计**

当用户对示例的步骤或结果存在疑问时，可以向 ChatGPT 寻求解释。

**步骤 03** 应用与反馈。若用户需要在真实的 Excel 工作表中使用该函数，可以按照示例与 ChatGPT 进行交互，然后将得到的公式复制、粘贴到相应的单元格内，即可生成结果。如果生成的结果不符合预期，可以反馈给 ChatGPT 继续调整。

# 3.15 使用 ChatGPT 进行数据分析

在运用 Excel 进行表格处理时，管理者和决策者通常会通过数据分析来洞察业务趋势、识别问题所在及发现潜在的机会。ChatGPT 可以帮助用户从 Excel 数据中抽取有价值的信息，并将其转化为可操作的洞察。

## 1. 思维导图

明确需求与上传文件 → 数据处理与生成结果 → 结果展示 → 迭代与优化

## 2. 操作步骤

将 Excel 文件上传给 ChatGPT，然后详细描述数据分析需求，让 ChatGPT 迅速分析且解读数据，并且提供相应的数据分析报告。

**步骤 01** 明确需求与上传文件。上传包含数据的 Excel 文件，然后告诉 ChatGPT 具体的要求。上传文件时需要确保文件中的数据是清晰且结构化的，这样方便进行有效的数据分析。

在对话框中输入：我是一家地产公司的市场分析师，我手头有一份关于一季度公司产品的销售数据，我想要进行一些基本的数据分析来了解产品销售情况和预测未来的趋势，你可以帮助我吗？

**⑤ ChatGPT：**

当然可以帮助您进行数据分析！首先，请上传您的销售数据文件。上传后，您可以告诉我您具体想要进行哪些分析，例如，

**销售总览**：总销售额、平均单价、总成交套数等。

**产品性能**：哪种物业类型（住宅、商业、办公）销售表现最好。

**区域表现**：各个区域（北区、南区、东区、西区）的销售情况。

**时间序列分析**：月度或季度销售趋势。

**销售员绩效**：评估哪位销售员的表现最佳。

**预测分析**：基于现有数据预测下一季度的销售趋势。

步骤 02 数据处理与生成结果。当将文件上传且告知了 ChatGPT 数据分析需求之后，ChatGPT 将根据需求对数据进行导入、清洗、处理、分析和可视化等处理，然后提供分析结果。

在对话框中输入：我想要进行以下分析。

1. 销售总览：总销售额、平均单价、总成交套数等。

2. 区域表现：各个区域（北区、南区、东区、西区）的销售情况。

3. 销售员绩效：评估哪位销售员的表现最佳。

4. 预测分析：基于现有数据预测下一季度的销售趋势。

单击对话框左侧的"上传"按钮上传 Excel 文件，等文件传输完成后，按 Enter 键或者单击右侧的箭头按钮发送，如图 3.28 所示。然后等待 ChatGPT 生成结果即可。

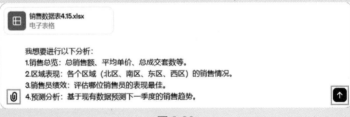

图 3.28

步骤 03 结果展示。数据分析完成后，ChatGPT 将展示分析结果的概要或详细报告，这可能包括文本描述、统计总结或图表等形式。

**⑤ ChatGPT：**

感谢您上传数据，现在我们可以开始进行以下分析。

首先，计算销售总额的相关指标。

**销售总览**

**总销售额**：约 431.42 万元

**平均单价**：约 22.71 万元

**总成交套数**：19 套

接下来分析各个区域的销售情况。

区域表现

图 3.29 所示是各个区域的销售情况。

| 区域 | 销售额 (万元) | 成交套数 |
|------|--------------|----------|
| 北区 | 195.92万元 | 8套 |
| 南区 | 155.30万元 | 6套 |
| 西区 | 80.20万元 | 5套 |

图 3.29

请注意,数据中没有提供"东区"的销售信息,可能是该区域在这一季度没有销售活动。
(略)

**步骤 04** 迭代与优化。用户可以对初步分析结果进行反馈,让 ChatGPT 进行迭代调整,如修改数据处理的方式、增加新的分析指标或调整图表的表现形式等,以更好地满足自己的需求。

---

**在对话框中输入:**你可以用一些图表来展示各区域销售情况吗?

**⑤ ChatGPT:**

图 3.30 所示是各区域销售情况的图表展示。
总销售额(蓝色条形图):展示了各区域的总销售额。
(略)

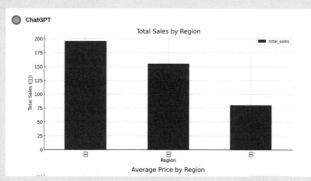

图 3.30

(略)

从图 3.30 中可以看出,北区的总销售额和成交套数均较高,而南区的平均单价最高。如果您需要进一步的数据分析或有其他问题,请随时告诉我。

---

**在对话框中输入:**你能对以上分析结果作出更详细的解读吗? 例如,根据数据情况列出公司接下来应该深入关注的问题或机会,并提供相应的解释和建议。

**⑤ ChatGPT:**

基于您提供的数据及我们进行的分析,这里是一些更详细的解读和建议。

### 1. 区域表现解读

- 北区表现较好，拥有最高的总销售额和成交套数。这表明北区市场需求强劲，客户接受度高。考虑到北区的这种表现，这里可能有进一步开拓市场的机会。

- 南区拥有最高的平均单价，尽管其成交套数不如北区。这可能意味着南区市场对高价位的产品更加接受，或者该区域内销售的物业类型更倾向于高端市场。

- 西区的总销售额和成交套数较低，表明这个区域的市场表现不及其他区域。需要进一步分析西区的市场营销策略或客户需求差异。

### 2. 销售员绩效解读

张三的表现最佳，销售额和成交套数都领先。用户可以分析张三的销售策略，比如他是否有特定的客户群体、是否在某些区域表现更好，或者他使用的销售技巧和方法，或者考虑安排张三与其他销售员进行交流分享会，将他的成功经验传授给其他人，提升整体销售团队的表现。

### 3. 未来关注点和机会

- **市场拓展**：鉴于北区和南区的强劲表现，公司可以考虑进一步在这两个区域扩大市场份额，尤其是在北区增加营销投入，利用其高销售额和成交套数的优势。

- **产品定位调整**：考虑到南区的高平均单价，可能需要对该区域的产品定位进行评估，确定是否应该推出更多高端或差异化的产品来满足市场需求。

- **西区策略重新评估**：需要对西区的市场策略进行详细分析，了解销售不佳的原因。可能包括市场需求分析、竞争对手状况及产品定位等。

（略）

---

**锦囊妙计**

用户可以按自己的需求让ChatGPT对生成图表的样式进行调整，例如将条形图换成饼状图等。

## 3.16 使用 ChatGPT 编写 VBA 宏代码

Excel VBA（Visual Basic for Applications）是一个强大的编程工具，通过编写宏代码可以扩展 Excel 的功能。若不熟悉编程，用户可以利用 ChatGPT 来学习和编写 VBA 宏代码，从而显著提升工作的效率和准确性。

### 1. 思维导图

明确需求与描述问题 ➞ 获取代码示例 ➞ 理解和修改代码 ➞ 测试和调试 ➞ 优化和完善

### 2. 操作步骤

ChatGPT 可以根据用户的具体需求提供定制化的 VBA 解决方案，无论是数据处理、自动化报告，还是与其他应用程序的集成，它都能给出具体的代码示例和实现步骤。

**步骤 01** 明确需求与描述问题。用户需要先明确想要用 VBA 实现什么功能，然后向

ChatGPT 描述这个具体需求，包括想要自动化或优化的任务详细信息。

> 在对话框中输入：我需要编写一个 Excel VBA 宏，它可以筛选出所有销售额超过 10 000 美元的记录，并将这些记录复制到新的工作表。

步骤 02 获取代码示例。ChatGPT 会根据提供的描述，生成一段或多段 VBA 代码示例。这些示例通常包括必要的语法和函数，以及如何在 Excel 中实现特定的操作。

⑤ ChatGPT：

当然可以帮助你！首先，你需要有一个包含销售数据的工作表，假设销售额数据在 B 列。图 3.31 所示是一个基本的 VBA 代码示例，可以实现你的需求。

```vba
Sub FilterAndCopySales()
    Dim wsSource As Worksheet
    Dim wsTarget As Worksheet
    Dim lastRow As Long

    ' 设置源和目标工作表
    Set wsSource = ThisWorkbook.Sheets("SalesData")
    Set wsTarget = ThisWorkbook.Sheets.Add(After:=ThisWorkbook.Sheets(ThisWorkbook.Sh
    wsTarget.Name = "FilteredSales"

    ' 查找数据的最后一行
    lastRow = wsSource.Cells(wsSource.Rows.Count, "B").End(xlUp).Row

    ' 复制标题行
    wsSource.Rows(1).Copy Destination:=wsTarget.Rows(1)

    ' 筛选和复制数据
    wsSource.Range("A1:B" & lastRow).AutoFilter Field:=2, Criteria1:=">10000"
    wsSource.AutoFilter.Range.Copy Destination:=wsTarget.Range("A2")
    wsSource.AutoFilterMode = False
End Sub
```

图 3.31

步骤 03 理解和修改代码。在生成 VBA 代码以后，用户要对代码进行检查，确保它满足自己的需求。用户也可以向 ChatGPT 询问代码中每个部分的功能，以便更好地理解各个组成部分的作用。同时，ChatGPT 能够根据用户的需要对代码进行修改，以适应具体的应用场景。

> 在对话框中输入：这段代码是直接复制所有列吗？如果我只想要复制销售额和客户名（假设客户名在 A 列）怎么办？

⑤ ChatGPT：

如果你只想复制特定的列（例如 A 和 B 列），可以修改复制命令来只复制这些列。图 3.32 所示是修改后的代码。

```vba
Sub FilterAndCopySales()
    Dim wsSource As Worksheet
    Dim wsTarget As Worksheet
    Dim lastRow As Long

    ' 设置源和目标工作表
    Set wsSource = ThisWorkbook.Sheets("SalesData")
    Set wsTarget = ThisWorkbook.Sheets.Add(After:=ThisWorkbook.Sheets(ThisWorkbook.Sh
    wsTarget.Name = "FilteredSales"

    ' 查找数据的最后一行
    lastRow = wsSource.Cells(wsSource.Rows.Count, "B").End(xlUp).Row

    ' 复制标题行
    wsSource.Rows(1).Copy Destination:=wsTarget.Rows(1)

    ' 筛选和复制数据
    wsSource.Range("A1:B" & lastRow).AutoFilter Field:=2, Criteria1:=">10000"
    wsSource.Range("A2:A" & lastRow).SpecialCells(xlCellTypeVisible).Copy Destination
    wsSource.Range("B2:B" & lastRow).SpecialCells(xlCellTypeVisible).Copy Destination
    wsSource.AutoFilterMode = False
End Sub
```

图 3.32

**步骤 04** 测试和调试。修改完代码之后，用户可以将代码复制到 Excel 的 VBA 编辑器中，运行宏来测试其功能。观察宏是否如预期那样运行，同时检查是否有任何错误或未达到的功能。如果不清楚该如何打开 VBA 编辑器或者对代码运行过程有任何问题，都可以再次咨询 ChatGPT，以寻求解决方案或进行错误调试。

---

在对话框中输入：**如果我运行这个宏没有反应怎么办？**

**⑤ ChatGPT：**

如果宏没有按预期工作，可能是因为以下几个原因。

1. 检查是否在正确的工作表上有正确的数据。

2. 确认数据范围和列位置是否正确。

3. 查看是否有任何错误消息，并报告具体信息。

如果需要，可以向我报告具体的错误或表现，我会帮助你调试代码。

---

在对话框中输入：**怎样打开 Excel 的 VBA 编辑器？**

**⑤ ChatGPT：**

要打开 Excel 的 VBA 编辑器，可以按照以下步骤操作。

1. **打开 Excel**：首先启动 Microsoft Excel，并打开一个工作簿。

2. **快捷键**：在 Excel 中，可以直接使用快捷键 Alt + F11 来打开 VBA 编辑器，这是最快的方法。

3. **通过"开发者"选项卡**：如果你的 Excel 界面上没有显示"开发者"选项卡，需要先将其添加到功能区，可以通过以下步骤添加。

- 单击"文件"菜单。
- 单击"选项"按钮,打开"Excel 选项"对话框。
- 在左侧选择"自定义功能区"选项。
- 在右侧的"自定义功能区"列表中勾选"开发工具"复选框,然后单击"确定"按钮。
- 在"开发者"选项卡中,单击"Visual Basic"按钮,也可以打开 VBA 编辑器。

通过以上任一方法,你都可以成功打开 Excel 的 VBA 编辑器,开始进行宏的编写或修改。如果有任何具体的 VBA 编程问题,也可以随时询问。

**步骤** 05 优化和完善。一旦基本功能得到实现,可能还需要对代码进行优化,比如提高效率、增加错误处理或改善用户界面,ChatGPT 可以为用户提供代码优化的建议和技巧。

在对话框中输入:请为上述 VBA 代码提供一些优化的建议。

ChatGPT:

对于上述 VBA 宏示例,我们可以从以下几个角度进行优化。

**1. 使用更有效的数据处理方法**

**避免多次复制操作**:在原有代码中,筛选数据后将其复制到新工作表,这涉及多次读写操作。我们可以通过直接写入数据而非复制整个范围来优化这一过程。

**2. 减少重复代码**

**函数化重用代码**:将重复使用的代码片段(例如创建新工作表)封装成函数,以减少代码重复并提高可读性。

(略)

---

┌─ **锦囊妙计** ┐

如果想学习更多关于 VBA 的知识,可以向 ChatGPT 询问相关的课程网站或者论坛等。

---

## 3.17 在 Excel 中接入 ChatGPT 插件

Excel 插件是一种用于扩展和增强 Excel 功能的工具,它们可以帮助用户自动化常规任务、增加新的功能,或者与其他软件应用程序进行集成。为了让 Excel 变得更加智能和对用户友好,可以将 ChatGPT 接入到 Excel 中,提升数据分析和处理的质量。

**1. 思维导图**

获取加载项 → 搜索与添加 → 获取密钥

**2. 操作步骤**

通过 Excel 中的"获取加载项"功能可以为其接入一个 ChatGPT 插件,然后在 Excel 工作表中实现与 ChatGPT 对话。

**步骤 01** 获取加载项。先在 Excel 中打开一张空白的工作表，在"开始"工作区中单击"加载项"按钮，如图 3.33 所示。

图 3.33

**锦囊妙计**

（1）本案例使用的 Excel 版本是 Excel 2021。

（2）在 Excel 2021 中，单击菜单栏中的"文件"按钮，然后单击跳转页面左侧边栏中的"获取加载项"按钮，可以打开"Office 加载项"界面，通过此界面也可以搜索和添加加载项。

**步骤 02** 搜索与添加。在弹出的界面中的搜索框中输入 ChatGPT，然后单击"搜索"按钮，即可看到与 ChatGPT 相关的插件。选择"ChatGPT for Excel"这个插件，然后单击其右侧的"添加"按钮，等待加载完成即可，如图 3.34 所示。

加载完成之后，可以在工作表最右侧看到这个插件的图表与面板，如图 3.35 所示。

图 3.34

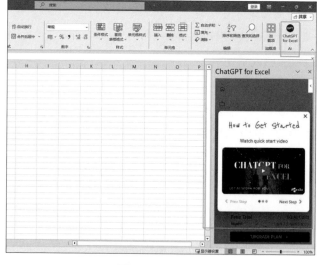

图 3.35

**锦囊妙计**

ChatGPT for Excel 这个插件只适用于最新版的 Excel，包括 Mac 和 Windows 上的 Excel 2016 或更高版本，以及网络版 Excel。

**步骤 03** 获取密钥。如果大家有兴趣使用这个插件整合更高级的 AI 功能，则需要添加自己的 OpenAI API 密钥，下面简单介绍获取密钥的步骤。

    1. 访问 OpenAI 官网，单击右上角 Log in 按钮并使用账户信息进行登录，如图 3.36 所示。

    2. 在跳转页面中单击 API 按钮，如图 3.37 所示。

图 3.36

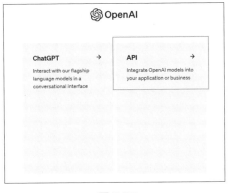

图 3.37

    3. 在页面左上角选择进入 API reference 页面，在 Authentication 选项区域中单击 API Keys 超链接，如图 3.38 所示。

    4. 在验证页面进行电话验证及创建新的密钥即可，如图 3.39 所示。

图 3.38

图 3.39

> **锦囊妙计**
>
>     （1）在创建新的 API Key 时，请按照页面上的指示填写必要信息，如 API Key 的描述，以及设置任何特定的权限或限制（如果提供了这样的选项）。
>
>     （2）创建 API Key 后，新的 API Key 将显示在屏幕上，用户务必立即复制并安全地保存这个密钥。出于安全原因，密钥信息只会显示一次。确保将 API Key 保存在安全的地方，避免泄漏给未授权的第三方。

## 3.18 借助其他 AI 工具来处理表格

    随着越来越多 AIGC 产品的问世，日常办公也逐渐步入智能化。为了能够让不熟悉 Excel 的人也能轻松、快速地操作表格，一些能够用来辅助完成数据处理和分析的 AI 工具也相继出现。在 AI 工具的帮助下，用户在面对表格的操作时会更加得心应手。

**1. 思维导图**

认识 ChatExcel → 进入网站与上传表格 → 输入指令与获取结果 → 导出表格 → 了解其他工具和方式

**2. 操作步骤**

在表格 AI 工具的辅助下，用户可以通过自然语言表达的指令实现对 Excel 的交互控制，让 Excel 的复杂操作变得简单、便捷。

**步骤 01** 认识 ChatExcel。ChatExcel 是一款智能对话式表格应用，可以帮助用户快速地进行数据处理和操作，旨在降低 Excel 的使用门槛和技术难度。ChatExcel 依托自然语言处理技术，可以理解用户的语音或文本聊天内容，并在 Excel 表格中进行相应的数据读取、处理和可视化操作。

**步骤 02** 进入网站与上传表格。准备好需要进行操作的 Excel 表格，然后打开网址，进入 ChatExcel 首页，单击"现在开始"按钮，如图 3.40 所示。

单击"上传文件"按钮，上传需要操作的表格，如图 3.41 所示。

图 3.40

图 3.41

**锦囊妙计**

（1）在首次使用 ChatExcel 前，单击"上传文件"按钮之后，会在页面中间出现一个二维码，扫描该二维码前往公众号获取验证码，即可开始免费使用 ChatExcel。

（2）ChatExcel 目前仅支持导入单个工作表。

**步骤 03** 输入指令与获取结果。表格上传完成后，在对话框中输入指令：将整个表格按支出金额由低到高的方式重新进行排序，单击右侧的箭头按钮或按下 Enter 键，如图 3.42 所示。

图 3.42

生成结果如图 3.43 所示。

| | A | B | C | D | E | F | G |
|---|---|---|---|---|---|---|---|
| 1 | 支出项目 | 支付方式 | 出金额（元 | 日期 | 经手人 | 审批人 | 备注 |
| 2 | 打印资料 | 微信支付 | 10 | 2023-04-17 | 李小明 | 班主任 | 班会 |
| 3 | 交通费 | 现金支付 | 20 | 2023-04-05 | 李小明 | 班主任 | 参观博物馆 |
| 4 | 制作横幅 | 现金支付 | 30 | 2023-04-14 | 王小美 | 班长 | 运动会 |
| 5 | 饮料 | 现金支付 | 50 | 2023-04-10 | 王小美 | 班长 | 话剧排练 |
| 6 | 餐饮费 | 支付宝 | 80 | 2023-04-09 | 李小明 | 班主任 | 团建聚餐 |
| 7 | 零食水果 | 微信支付 | 100 | 2023-04-07 | 李小明 | 班主任 | 联欢晚会 |
| 8 | 礼品 | 微信支付 | 150 | 2023-04-07 | 王小美 | 班长 | 新生见面会 |
| 9 | 道具租借 | 微信支付 | 200 | 2023-04-12 | 李小明 | 班主任 | 话剧排练 |
| 10 | 体育用品 | 支付宝 | 300 | 2023-04-09 | 王小美 | 班长 | 体育比赛 |
| 11 | | | | | | | |

图 3.43

**锦囊妙计**

除了排序，ChatExcel 也支持对表格进行合并、筛选、计算等操作，在进行实际操作时，按需求输入不同的指令即可。

**步骤 04** 导出表格。单击"下载文件"按钮，选择"表格 1"选项即可对生成的表格进行保存，如图 3.44 所示。

图 3.44

**锦囊妙计**

ChatExcel 目前还是一个处在研究过程中的产品，因此存在许多还需要完善的地方，在实际操作时，也有可能会出现表格无法上传、执行过程出现错误等情况。因此在处理表格数据时，可以将 ChatGPT、Excel、ChatExcel 等多种工具结合起来使用，这样可以更好地解决遇到的操作难题，提升操作效率。

**步骤 05** 了解其他工具和方式。除了 ChatExcel，还有一些其他不同形式的 AI 工具或者技术可以辅助用户进行表格数据的处理。这些工具各有特色，可以用于不同的应用场景。下面是两款常见的 AI 工具和技术介绍。

**1. 智谱清言数据分析**

智谱清言作为人工智能助手，集成了多种数据分析功能，可以帮助用户处理、分析和解释数据。智谱清言的数据分析功能包括但不限于以下几个方面。

● **数据处理：** 智谱清言可以帮助用户对原始数据进行清洗、转换和格式化，以便进行进一步的分析，包括去除重复数据、填补缺失值、转换数据类型等。

● **数据可视化：** 智谱清言提供了多种数据可视化工具，可以帮助用户将数据转换为图表、图形和地图等形式，以便更直观地理解数据的分布、趋势和关联性。

● **数据分析：** 智谱清言可以帮助用户进行各种统计分析，包括描述性统计、推断性统计和预测性分析，帮助用户了解数据的中心趋势、离散程度和关联性，以及进行假设检验和预测分析。

### 2. WPS AI 智能表格

WPS AI 智能表格是一款基于人工智能技术开发的电子表格工具，它集成了自然语言处理、机器学习等先进技术，为用户提供了一种全新的数据分析和处理方式。WPS AI 智能表格的主要特点和功能如下。

- **自然语言查询**：用户可以直接使用自然语言提问，AI 智能表格能够理解并执行用户的指令，自动完成数据分析、计算和生成图表等操作。
- **数据智能分析**：WPS AI 智能表格能够自动识别数据类型和关系，为用户提供数据预处理、统计分析、预测建模等功能，帮助用户从数据中获取洞察。
- **图表智能生成**：用户只需输入简单的描述性指令，WPS AI 智能表格就能自动生成相应的图表，如柱状图、折线图、饼图等，方便用户直观地展示和分析数据。

# 第4章 演示文稿

## 4.1 使用 ChatGPT 制定 PPT 大纲

PPT 大纲是指制作 PPT 时所使用的概要性内容框架，用于规划和整理演示文稿的结构和内容，合理的 PPT 大纲是保证 PPT 质量的前提。ChatGPT 可以快速生成 PPT 大纲，帮助用户节省思考和规划演示内容的时间。

**1. 思维导图**

明确主题与提供信息 ⟶ 生成 PPT 大纲 ⟶ 优化与调整

**2. 操作步骤**

想要制作高质量且专业的 PPT，可以使用 ChatGPT 生成 PPT 大纲，它是一个高效、灵活且创新的工具，无论演示内容是什么，ChatGPT 都能按照逻辑顺序为用户提供多种角度的大纲思路。

**步骤 01** 明确主题与提供信息。先明确 PPT 的主题，然后在与 ChatGPT 交流的过程中给出它所需要的关键信息，好让它根据主题来制定一份具体、有针对性的 PPT 大纲。

在对话框中输入：我是一位环保科技公司的市场经理，我需要制作一个 PPT，主题是我们公司最新的太阳能技术，我希望能吸引更多潜在投资者的注意。

**ChatGPT：**

听起来很棒！请问这个 PPT 的主要目的是什么？更侧重于技术展示、投资吸引，还是两者兼有？

在对话框中输入：主要是为了吸引投资，但同时也要展示我们技术的创新点和环保价值。

**ChatGPT：**

了解了。你的目标受众主要是谁？他们对太阳能技术了解多少？

在对话框中输入：我们的目标受众主要是国际清洁能源领域的投资者，他们对太阳能技术有基本的了解，但可能不了解我们的创新技术。

**ChatGPT：**

明白了。你希望在 PPT 中强调哪些关键信息？

在对话框中输入：首先，我想强调我们技术的创新性，比如如何提高能源转换效率。其次，展示这项技术的环保影响，特别是在减少碳排放方面的贡献。最后，我想展示我们团队的专业背景和过往的成功案例，来增加信任感。

**ChatGPT：**

这些信息非常重要。你是否有任何具体的数据、研究结果或成功案例想要包含？

在对话框中输入：是的，我有一些内部研究显示我们的技术提高了 20% 的效率，还有一些技术已经成功应用于小型村庄的案例。

（略）

**锦囊妙计**

除了逐步对话的形式，用户也可以将关于 PPT 的所有需求（主题、目标受众、关键信息等）一次性全部告诉 ChatGPT，它就可以根据这些信息直接生成 PPT 大纲。

步骤 02 生成 PPT 大纲。基于之前提供的信息，让 ChatGPT 生成一个初步的 PPT 大纲。

在对话框中输入：**请基于上述信息，为我制定一个 PPT 大纲。**

**ChatGPT：**

基于你提供的信息，这里是一个为你的太阳能技术项目演讲设计的 PPT 大纲。

PPT 标题

**革新未来：我们的太阳能技术之旅**

1. 引言

- **背景简介**：简短介绍全球清洁能源的需求及其对环保的重要性。
- **目的和目标**：明确演讲目的，即吸引投资者支持我们的太阳能技术项目。

2. 公司简介

- **公司愿景和使命**：介绍公司致力于清洁能源和环保的愿景。
- **团队和专业背景**：突出团队成员的专业资质和对清洁能源的贡献。

3. 技术创新

- **技术概览**：概述我们的太阳能技术和其创新点。
- **能效提升**：展示技术如何实现 20% 的能源转换效率提升，包括数据和图表。
- **环保影响**：通过数据和案例，展示技术在减少碳排放方面的贡献。

4. 成功案例

- **案例研究**：介绍几个成功应用我们技术的小型村庄案例。
- **用户反馈和社会影响**：分享用户反馈和我们技术带来的正面社会影响。

5. 投资机会

- **市场潜力**：分析太阳能技术市场的增长潜力和我们在市场中的位置。
- **投资亮点**：强调投资我们技术的优势，包括潜在的财务回报和社会影响。

- **合作模式和期望**：讨论可能的合作模式，包括投资结构和合作期望。

6. 对未来的展望和发展计划

- **短期目标**：概述接下来 12 个月的发展计划。
- **长期愿景**：讨论长期一段时间内我们如何推动清洁能源和环保事业的愿景。

7. 结论和行动呼吁

- **总结重点**：重申我们技术的创新性和环保价值。
- **行动呼吁**：邀请投资者加入我们，共同推进清洁能源事业。

8. 问答环节

- 准备回答潜在投资者可能提出的问题。

**步骤 03** 优化与调整。当对 ChatGPT 生成的 PPT 大纲初稿不太满意时，可以要求 ChatGPT 重新生成大纲或者让它对其中某个部分进行调整，反复迭代这个过程，直到生成符合自己需求的 PPT 大纲。

---

在对话框中输入：**请为我生成另外一个版本的 PPT 大纲。**

**ChatGPT：**

当然，这里提供一个调整后的 PPT 大纲版本，侧重点略有不同，以提供清晰而简洁的信息传递。

**PPT 标题**

**未来能源革命：引领太阳能技术新潮流**

1. 开场

**背景介绍**：简要说明全球能源需求的变化和清洁能源的重要性。

**演讲目标**：明确演讲的目的，即展示我们的太阳能技术和吸引潜在的投资者。

2. 关于我们

**公司使命**：简述公司致力于清洁能源解决方案的使命。

（略）

---

## 4.2 使用 ChatGPT 细化 PPT 内容

确定大纲之后，细化内容就成为确保演示文稿成功的关键步骤。ChatGPT 可以帮助用户根据大纲和需求完善 PPT 的内容细节，确保关键信息可以在演示文稿中被有效地传达，同时提升演示文稿的吸引力，实现最佳的演示效果。

**1. 思维导图**

进行初步细化 → 补充和完善 → 整合与润色 → 提炼与精简 → 整理与排版

ChatGPT 可以快速生成文本并提供大量信息和观点来帮助用户丰富 PPT 的内容，包括相关数据、事实或引用等，从而增加演示文稿的深度和说服力，提升 PPT 的整体质量。同时，ChatGPT 可以从不同角度帮助用户丰富和调整大纲内容。

**步骤 01** 进行初步细化。如果已经拥有一份符合要求的 PPT 大纲，就可以让 ChatGPT 根据大纲进行初步的细化，通常 ChatGPT 会在这一步为用户提供一个细化后的内容框架，用于指导用户填充内容。

> **在对话框中输入**：我是一家游戏公司的项目负责人，需要完成一份年终总结的 PPT，我现在有一份 PPT 大纲，你可以根据这个大纲帮我细化内容吗？

**ChatGPT:**

当然可以。请您提供一下 PPT 大纲内容，以便我了解需要涵盖的主题和细节。

在这一步，我们可以将已有的 PPT 大纲文档上传至 ChatGPT。

**ChatGPT:**

根据您提供的 PPT 大纲，我们可以细化每个部分的内容。下面是一个具体化的内容框架，可供您参考和修改。

1. 封面页
- **公司名称**：×× 游戏公司
- **报告标题**：2023 年终总结
- **演讲者名称和职位**：[ 演讲者姓名 ]，[ 职位 ]
- **日期**：[ 具体日期 ]

2. 欢迎与介绍
- **简短欢迎词**：欢迎各位参加 ×× 游戏公司 2023 年终总结报告会。
- **目标和目的简述**：回顾过去一年的成就与挑战，展望未来的发展方向。

3. 年度回顾
- **过去一年的行业概况**：简述游戏行业的主要趋势，如增长率、新兴技术。
- **公司定位及其在行业中的角色**：强调公司的市场定位，如创新引领者、顾客喜爱的品牌等。

4. 关键里程碑
- **成功发布的新游戏或重大更新**：列举关键产品及其市场反响。
- **重要合作伙伴关系和协作**：介绍年内建立的合作关系及其意义。
- **获得的奖项和认可**：展示公司及产品获得的奖项和行业认可。

5. 运营与财务概况
- **收入和利润概述**：提供财务数据，展示年度收入和利润趋势。
- **主要成本中心**：分析成本结构，如开发成本、市场营销成本。
- **用户增长和市场扩张情况**：介绍用户基数增长和进入新市场的情况。

（略）

**锦囊妙计**

在没有大纲的情况下，可以在第一步让 ChatGPT 根据主题生成合适的 PPT 大纲。

**步骤 02** 补充和完善。除了根据细化后的框架自行填充已有的数据和事实，用户还可以让 ChatGPT 来帮助补充和完善一些文本内容，特别是那些自己不熟悉该如何展开描述的细节，可以让 ChatGPT 提供细化的建议或者辅助撰写。

在对话框中输入：请对"过去一年的行业概况：简述游戏行业的主要趋势，如增长率、新兴技术。"这部分内容进行更翔实、具体的补充，字数在 200 字左右。

**ChatGPT：**

在过去的一年中，游戏行业继续呈现出稳健的增长态势。据市场研究机构报告，全球游戏市场的年增长率达到了 6.7%，总收入预计超过 1 800 亿美元。这一增长主要得益于移动游戏的持续繁荣和云游戏技术的进步，后者使得高质量游戏内容能够在更广泛的设备上无缝体验。此外，增强现实（AR）和虚拟现实（VR）技术在游戏领域的应用日益增多，提供了沉浸式和互动式的游戏体验，尤其是在教育和健身等非传统游戏领域获得了新的增长点。电子竞技的兴起也为行业带来了新的关注点和收入来源，尤其是在亚洲和北美市场，电子竞技已经成为一种主流娱乐方式。总的来看，游戏行业正处于技术创新和市场扩展的快车道上，预示着更广阔的发展前景。

在对话框中输入：我该如何描述"介绍年内建立的合作关系及其意义"这个部分的内容。

**ChatGPT：**

当你准备介绍过去一年建立的合作关系及其意义的 PPT 部分时，考虑以下几个方面来构建你的叙述，以下是如何细化这部分内容的建议。

**年内建立的合作关系及其意义**

**1. 合作伙伴概览**

**简介：** 列出今年你的公司与哪些新伙伴建立了合作关系，可以是其他游戏开发商、技术供应商、分销渠道、市场营销伙伴，或者游戏产业链上其他环节的公司。

**背景：** 简要说明每个合作伙伴的背景，包括他们在行业内的地位、专长，以及为何选择与他们合作。

（略）

在对话框中输入：你可以举一个具体的例子来展示说明上述内容吗？

**ChatGPT：**

让我们以虚构的游戏公司"New Games"在 2023 年与一家知名的电子竞技组织"X-Sports Global"建立合作关系为例，来展示如何具体化"介绍年内建立的合作关系及其意义"的 PPT 内容。

与 New Games 与 X-Sports Global 的合作关系

1. 合作伙伴概览

New Games：一家专注于开发多人在线战术射击游戏的创新型游戏公司。

X-Sports Global：全球领先的电子竞技组织，拥有广泛的电子竞技赛事经验和庞大的观众基础。

**选择理由**：选择与"X-Sports Global"合作，是因为其在电子竞技领域的深厚影响力和广泛的粉丝基础，可以帮助"New Games"扩大品牌影响力，同时吸引更多的游戏玩家。

2. 合作的目的与意义

**战略目标**：通过这次合作，旨在将"New Games"开发的旗舰游戏《星际战甲》打造成为下一个电子竞技现象级产品，提高公司在全球电子竞技市场的可见度。

**具体成果**：合作首个季度，通过"X-Sports Global"平台举办的《星际战甲》电竞赛事吸引了超过 100 万的在线观众，游戏月活跃用户数增长了 40%，游戏内购买收入提高了 25%。

3. 成功案例展示

**案例研究**：《星际战甲》世界锦标赛是双方合作的亮点之一，该赛事在全球范围内的电子竞技爱好者中产生了巨大的反响。通过"X-Sports Global"的渠道，我们成功吸引了来自世界各地的顶级玩家参赛，赛事通过多个在线平台进行了直播，打破了以往的观众纪录。

（略）

---

**锦囊妙计**

（1）值得注意的是，如果 ChatGPT 生成的文本里涉及具体的数据或案例，依然需要核实其真实性。同时，用户也需要检查生成的其他内容是否需要根据实际情况进行适当的调整，以确保其准确性和适应性。

（2）在保证能够核实准确性的前提下，用户可以充分利用 ChatGPT 的搜索能力来帮忙收集行业信息与各种数据，以节省资料收集的时间。

**步骤 03** 整合与润色。ChatGPT 拥有优秀的文案包装能力，用户可以将具体的工作内容告诉 ChatGPT，让它来帮助调整和润色。

---

在对话框中输入：**请帮我润色下面这段话，让其看起来更有价值：与一家游戏公司合作开发了受欢迎的旗舰游戏，与全球领先的电子竞技组织合作举办了电子竞技赛事并引起热烈反响。**

**ChatGPT：**

我们成功地与一家顶尖游戏公司携手，共同开发了备受瞩目的旗舰级游戏作品，该作品自推出以来便广受好评，成为市场的亮点。此外，我们还与全球领先的电子竞技组织合作，共同打造了一场引人入胜的电子竞技大赛，该赛事不仅吸引了众多热情的粉丝参与，也在电子竞技界引起了广泛的热烈反响，进一步巩固了我们在游戏和电子竞技领域的领先地位。

---

**锦囊妙计**

若觉得 PPT 文本中某些文案的陈述不够精彩或吸睛，也可以采用这个方式来提升文本质量。

**步骤 04** 提炼与精简。有时候 PPT 需要较为精练的文字表达，此时可以借助 ChatGPT 来优化一些原本较为冗长的文本内容，让它对长文本进行分段、精简或者提炼小标题。

> 在对话框中输入：请把下面这段话根据不同的要点进行分段，每段提炼一个小标题，并精简内容：在过去一年中，游戏行业继续呈现出稳健的增长态势。（略）

**⑤ ChatGPT：**

**游戏行业增长概览**

年增长率 6.7%，总收入超 1 800 亿美元。

**关键增长驱动**

移动游戏更加繁荣，云游戏技术有了进步。

**技术创新**

AR 和 VR 技术应用增多，尤其是在教育和健身领域。

**电子竞技的影响**

在亚洲和北美成为主流娱乐方式，带来新收入源。

**前景展望**

行业处于技术创新和市场扩展的快速发展期。

（略）

**┌─ 锦囊妙计 ┐**

（1）ChatGPT 可以根据用户的需求来调整生成的语言难度、风格和语调，用户可以要求它使用更专业、更通俗的语言或者让生成的内容更正式、更轻松，以匹配演讲风格。

（2）如果需要，ChatGPT 可以帮助用户将 PPT 内容翻译成多国语言。

**步骤 05** 整理与排版。在对 PPT 各个部分的细节进行完善之后，就基本完成了 PPT 的文稿内容，这时只需要将它放到 PowerPoint 里面进行排版和视觉设计，就可以创作出一个完整的 PPT。

## 4.3 使用 ChatGPT 提升 PPT 设计

PPT 的视觉呈现往往对演示效果有着重要的影响，一个设计精良的 PPT 看起来更加生动和有美感，同时也能够更好地吸引观众的注意力。ChatGPT 可以为用户提供多样化的设计灵感和创意建议，帮助用户制作出既美观又有效的演示文稿。

**1. 思维导图**

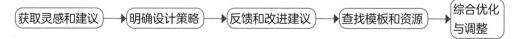

获取灵感和建议 ➜ 明确设计策略 ➜ 反馈和改进建议 ➜ 查找模板和资源 ➜ 综合优化与调整

**2. 操作步骤**

ChatGPT 既可以从主题选择、色彩搭配、字体使用、布局设计等方面给予用户各种灵感，又可以针对 PPT 本身的设计质量给出反馈和改进建议，帮助提升 PPT 的设计质量。

**步骤 01** 获取灵感和建议。用户可以询问 ChatGPT 有关当前流行的设计趋势、色彩搭配建议或特定场合（如商业演示、教育讲座）的设计风格，也可以要求它提供创新的视觉表现方式作为设计的参考，例如如何使用图像、图形或动画来表达特定的概念或数据。

在对话框中输入：**我需要准备一个关于可持续发展的商业演讲 PPT。你能给我一些当前流行的设计趋势和色彩搭配建议吗？**

**ChatGPT：**

关于可持续发展的商业演讲 PPT，设计趋势和色彩搭配是关键元素，能够有效地帮助你的观众理解和吸收信息，以下是一些建议。

**设计趋势**

**1. 极简主义**：简洁的设计能帮助观众集中注意力于演讲的内容，可以使用大量的空白空间和简单的图形元素。

**2. 可持续性视觉**：强调自然元素和可持续性的图片，如再生材料、绿色植被或清洁能源等图像，能增加主题的相关性和吸引力。

**3. 扁平化设计**：扁平化的图标和图形简单且现代，适合展示数据和统计信息，易于人们理解。

（略）

**色彩搭配建议**

**1. 自然色调**：使用自然、温和的色调，如绿色、蓝色、棕色等，反映可持续发展的主题。

**2. 强调色**：选择一种或两种鲜艳的颜色作为强调色，比如亮绿或阳光黄，用于突出关键点。

（略）

**步骤 02** 明确设计策略。将演讲或报告的主要内容告诉 ChatGPT，它就可以规划内容的逻辑结构，此时用户可以询问它如何通过设计来强调演讲的关键点，例如使用不同的字体大小、颜色或图表。

在对话框中输入：**我演讲的主要内容包括可持续发展的重要性、目前的挑战、实际案例分析和我们的解决方案。我要如何通过设计来强调关键点？请简要分析。**

**ChatGPT：**

**设计策略强调关键点**

**1. 利用色彩和图形**

● 使用不同的色彩来区分不同的部分，比如，用温和的绿色背景强调可持续发展的重要性，用红色或橙色高亮显示面临的挑战和问题。

● 以图形和图标来代表不同的主题（如地球图标代表环境、钱币图标代表经济效益）。

**2. 数据可视化**

● 使用图表、条形图等可视化工具来展示统计数据和研究结果，使信息更容易被理解。

- 关键数据点可以使用大字体或不同的颜色来强调。

**3. 信息层次结构**

- 对内容进行分层，使用大标题、小标题和要点列表来组织信息，使观众易于跟随。
- 关键信息或要点使用加粗或更大的字体突出显示。

**4. 案例研究和故事叙述**

- 通过讲故事的方式介绍案例研究，增加感情因素，使观众更容易产生共鸣。
- 使用图片、引用或简短的视频片段来丰富案例的叙述。

（略）

**步骤 03** 反馈和改进建议。如果用户对 PPT 的视觉设计已经有了初步想法和草图，或者已经创建好了一个 PPT，则可以把这些资料以文档或图片的形式上传给 ChatGPT，让它根据设计原则给出反馈和改进建议。

在对话框中输入：**我设计了一页使用绿色和蓝色渐变背景的幻灯片，标题是白色的。这样的配色你觉得怎么样？**

**⑤ ChatGPT：**

绿色和蓝色渐变背景非常适合你的主题，它们给人自然和清新的感觉。白色标题在这种背景上可以更突出，确保可读性。为了最大化这种配色方案的效果，你可以考虑以下几点。

- 确保渐变效果平滑，颜色之间的过渡自然，避免过于鲜艳或刺眼的颜色组合，这样可以确保演讲内容成为观众焦点。
- 考虑使用不同的绿色和蓝色阴影来增加视觉层次感，但要保持整体协调。
- 在设计中保持一致性，如果使用了渐变背景，尽量在整个演讲中保持这种设计风格，以增强整体的专业性和协调性。

在对话框中输入：**我创建了一页 PPT，你可以帮我看看它在设计上有什么需要改进的部分吗？包括色彩搭配、字体使用、布局等。**

**⑤ ChatGPT：**

当然，我很乐意帮助你评估和改进你的 PPT 设计。请上传你的 PPT 页面图片，这样我就能根据色彩搭配、字体使用、布局等方面给出具体的建议了。

将需要反馈的 PPT 图片上传给 ChatGPT。

**⑤ ChatGPT：**

根据您提供的 PPT 幻灯片，我将基于色彩搭配、字体使用、布局等方面给出一些建议。

**1. 色彩搭配**

- **渐变色：** 幻灯片中使用的色彩搭配（紫色、橙色、棕色）给人一种大胆和积极的感觉，但它们之间的对比可能有些强烈。建议使用同一色系的渐变色，如不同深浅的绿色，或绿色到蓝色的渐变，这样可以保持色彩的统一性，同时也符合可持续发展的主题。

**2. 图形设计**

● **箭头**：现在的箭头设计很有创意，但它们之间颜色的强烈对比可能会分散观众对文字内容的关注。你可以考虑让箭头颜色更加统一或使用渐变，来减少这种效果。

● **要点强调**：可以通过变化字体粗细、颜色或增加图标等方式，来强调每个阶段的关键词或要点。

┌─ **锦囊妙计** ─┐

　　如果上传的 PPT 文档过大，可能会影响 ChatGPT 响应和反馈的速度，用户可以将需要进行调整的 PPT 页面以图片的形式依次上传，然后分别获取反馈，这样可以节省时间。

**步骤 04** 查找模板和资源。除了自己进行设计，用户也可以让 ChatGPT 推荐能够提供 PPT 设计模板的软件或平台，它会推荐相应的免费和付费资源。

　　**在对话框中输入：在哪里可以找到适合这个主题的 PPT 模板？你可以为我介绍一些可以一键进行 PPT 排版的软件或者平台吗？**

**⑤ ChatGPT：**

　　为了找到符合可持续发展主题的 PPT 模板，以及一些可以一键进行 PPT 排版的软件或平台，你可以考虑以下资源。

　　**在线平台和软件**

　　1.Microsoft PowerPoint：PowerPoint 提供了大量的免费模板，用户可以直接在软件内搜索"可持续发展"或相关主题词来找到合适的模板。

　　2.Canva：Canva 是一个非常受欢迎的在线图形设计平台，它提供了各种专业的 PPT 模板，包括针对可持续发展主题的设计。Canva 的拖放界面使得自定义模板变得非常简单，即使是设计新手也能轻松使用。

　　（略）

**步骤 05** 综合优化与调整。用户可以将已有的 PPT 模板与 ChatGPT 的设计建议结合起来，例如，在使用 Microsoft PowerPoint 里的免费模板来对 PPT 进行排版的同时，根据 ChatGPT 提供的设计建议来调整和优化部分细节，从而使整个 PPT 呈现最佳的视觉效果。

┌─ **锦囊妙计** ─┐

　　金山办公旗下的 WPS AI 可以根据输入的主题或文档一键生成 PPT，从而帮助用户极大地提升创作 PPT 的效率。

## 4.4 使用 ChatGPT 进行 PPT 配图

　　PPT 的配图在传达信息、吸引观众注意力、增强理解和记忆，以及提升整体呈现效果方面发挥着关键作用。ChatGPT 能够在 PPT 的配图和设计上提供帮助，确保它们与内容相匹配，增强整体的演讲效果。

构思和规划内容 ⟶ 描述与生成图像 ⟶ 调整图像 ⟶ 保存与使用图像

2. 操作步骤

通过快速生成图像描述或直接利用 DALL·E 生成图像，ChatGPT 可以帮助用户节省寻找或制作配图所需的时间和资源，同时可以帮助用户确定最佳的视觉表现方式，以最有效地传达信息。

步骤 01 构思和规划内容。首先向 ChatGPT 初步描述 PPT 的主题或者所需要配图的具体内容，它可以帮助用户澄清思路，提供配图的建议或概念。

在对话框中输入：我需要一些关于全球变暖影响的图像，比如冰川融化和极端天气事件，你有什么建议吗？

⑤ ChatGPT：

为了获得一些关于全球变暖影响的图像，建议可以考虑以下几个场景。

1. **冰川融化**：一张图展示一座原本雄伟壮观的冰川，如今因为全球变暖而大幅度融化，周围的环境由于冰川融化而发生了显著变化。这个场景可以突出冰川融化对自然景观和生态系统的影响。

2. **极端天气事件 —— 暴雨**：通过图像描述一座城市正遭受前所未有的暴雨侵袭，街道变成了河流，车辆和建筑被洪水包围。这个场景可以展现全球变暖加剧端天气事件的频率和强度。

3. **海平面上升影响海岸线**：展示一幅海岸线被海平面上升侵蚀的图像，曾经的沙滩和海岸建筑如今部分被海水淹没。这可以说明全球变暖对海平面上升的影响，以及这对沿海地区形成的潜在威胁。

4. **极端天气事件 —— 热浪**：通过一张图描绘人们在炎热的夏日中努力寻找阴凉处或使用冷却设备来抵抗高温的场景，展现了全球变暖导致热浪更加频繁和强烈，对人类生活的影响。

请告诉我，您希望从这些场景中选择哪一个进行创作，或者如果您有其他具体的想法，也可以告诉我。

▸ 锦囊妙计 ◂

如果不确定用什么样的图片来表达自己的想法，ChatGPT 可以根据用户的主题提供一些创意灵感和建议。

步骤 02 描述与生成图像。使用 DALL·E 图像生成功能，ChatGPT 就可以基于用户的描述生成图像。用户确定了想要的配图内容之后，就可以向 ChatGPT 提供更加详细的图像描述，这有助于它更准确地在图库或在线资源中寻找到所需的图片，如图 4.1 所示。

在对话框中输入：我需要一张展示和谐共存的可再生能源图像，在清澈的蓝天背景下，有一排现代风力涡轮机和一排太阳能板。风力涡轮机和太阳能板被绿色的草地环绕，远处有一座小山，强调了技术与自然的和谐。图像应该传达出一种乐观、清新和可持续的氛围。

ChatGPT：

图4.1

这张图像展现了一种和谐共存的可再生能源场景，其中现代风力涡轮机和太阳能板被绿色的草地环绕，在清澈的蓝天背景下显得格外引人注目。远处的小山强调了技术与自然的和谐共处，整个场景传达出一种乐观、清新和可持续的氛围。

**锦囊妙计**

（1）DALL·E 是一个由 OpenAI 开发的人工智能程序，它能够根据用户提供的文字描述生成高质量、具有创造性的图像。

（2）ChatGPT-4 版本配备了可以生成图像的 DALL·E 功能，ChatGPT-4 以下的版本由于没有配备此功能，因此无法直接生成图片。

**步骤 03** 调整图像。单击已生成的图像，可以进入图像编辑和下载页面，单击右上角的"选择"按钮，可以对图片中想要调整的部分进行选择，如图 4.2 所示。

如果想要退出该编辑页面，单击"关闭"按钮即可，如图 4.3 所示。

图4.2

图4.3

在编辑图像时，可以在右侧的对话框中将需要进行调整的具体需求告诉 ChatGPT，例如："将选中的云朵进行删除并重新生成图片。"这样就可以得到一张重新生成的图像，如图 4.4 所示。

图 4.4

> **锦囊妙计**
>
> （1）如果想要取消编辑，单击右上角的"取消"按钮即可。
>
> （2）如果第一次调整后生成的图像依然未达到要求，可以继续迭代此过程，直至生成较为满意的图像。除此之外，为了实现更好的图像效果，也可以借助其他图像处理工具（如 Photoshop 等）来进行辅助处理。

**步骤 04** 保存与使用图像。如果对生成或调整后的图像较为满意，单击右上角的"保存"按钮，即可将图像以网页格式进行保存。用户也可以使用其他截图软件进行截图，这样就可以将该图像插入到 PPT 中使用。

> **锦囊妙计**
>
> （1）目前，ChatGPT 仅支持以网页格式保存生成的图像，如果想要获取其他格式的图像，还需要借助其他工具或软件进行转换。
>
> （2）ChatGPT 还可以成为用户的图片搜索指南，它可以告诉用户在哪些在线平台或图库中可以找到高质量的图片资源，如免费图库 Pixabay、Unsplash 等。

## 4.5 使用 ChatGPT 推荐模板资源与工具

在进行 PPT 创作时，高质量的模板可以提供预先设计好的页面布局和样式，节省了从零开始设计的时间，而实用的设计资源（如图标、图片、字体和配色方案）也可以提升 PPT 的创作质量与效率。ChatGPT 可以基于用户的具体需求提供个性化的资源和工具推荐，助力用户创作出优秀的 PPT。

**1. 思维导图**

明确具体需求 → 询问多种资源 → 请求示例和教程 → 持续学习

**2. 操作步骤**

ChatGPT 可以为用户快速提供有效的信息，包括最新的或最受欢迎的设计资源，同时还可以提供许多设计灵感与技巧指导，帮助用户理解设计原则和工具的使用方法，提升用户的设计技能和作品质量。

**步骤 01** 明确具体需求。用户需要明确自己所需要的模板类型、设计风格（现代、简约、专业等）、使用场合（商业演示、教育、市场营销等），以及任何特定的功能需求或偏好，这有助于 ChatGPT 更准确地理解用户的需求，从而提供更精准的建议。

在对话框中输入：我需要准备一个关于 2024 年数字营销趋势的演讲 PPT。我希望找到一个既专业又有创意的模板，以及一些免费的图表和数据可视化工具来展示统计数据。我的演讲风格偏向于简约和现代，你能推荐一些资源吗？

**ChatGPT：**

当然可以！对于简约和现代风格的 PPT 模板，我推荐您查看以下网站。

1.Slides Carnival：提供各种免费的 PPT 模板，风格多样，易于搜索。

2.Canva：有大量的专业设计模板，包括 PPT。Canva 也提供在线编辑工具，方便用户进行自定义设计。

3.Template Monster：虽然许多模板需要付费，但也有一些高质量的免费选项。

对于图表和数据可视化，您可以使用以下工具。

1.Infogram：一个用户友好的在线工具，可以帮助用户创建和分享美观的图表和报告。

2.Tableau Public：非常强大的数据可视化工具，适合展示复杂的数据。虽然有一定的学习曲线，但它的公共版是免费的。

**步骤 02** 询问多种资源。除了模板，用户可以向 ChatGPT 询问更多相关的设计资源（如免费或付费的图片库、字体资源、图标集等）和工具（如设计软件、在线编辑器、插件等）。

在对话框中输入：这听起来不错！有没有一些好的免费图像资源网站？我想用一些高质量的图片来增强我的演讲效果。

**ChatGPT：**

使用高质量的图片确实可以显著提升演讲的吸引力和专业度。幸运的是，有很多优秀的免费图像资源网站提供了大量的高分辨率图片，你可以在符合版权要求的前提下自由使用这些图片来丰富你的 PPT。以下是一些受欢迎的免费图像资源网站。

1.Unsplash：Unsplash 提供了大量免费的高分辨率图片，由全球摄影师贡献。这些图片涵盖了多种主题，包括自然景观、城市风光、办公环境等，非常适合用于演讲 PPT。

2.Pixabay：Pixabay 是一个免费使用的国际网站，提供超过 100 万张的免费照片、矢量图、插图和视频。这里的资源适合用于商业目的，不需要版权或署名。

3.Pexels：Pexels 提供了高质量的免费照片和视频资源，所有资源都可以免费使用，甚至可以用于商业目的。Pexels 的图片质量很高，且网站界面友好，容易搜索和下载。

（略）

**锦囊妙计**

在使用这些资源时,请确保遵守各个网站的使用条款和条件,特别是关于商业用途的规定和是否需要署名的要求。

**步骤 03** 请求示例和教程。除了寻找资源和工具,用户还可以请求 ChatGPT 提供使用这些资源和工具的示例、教程或最佳实践。这对于提高用户的设计技能和作品质量非常有帮助。

**在对话框中输入:能否举一个示例来说明如何使用 Slides Carnival 这个模板网站?**

**ChatGPT:**

当然,让我们来举一个例子说明如何使用 Slides Carnival 来找到并使用一个 PPT 模板。

**步骤 1:访问 Slides Carnival 网站**

打开浏览器,访问 Slides Carnival 官网。这个网站为用户提供了大量的免费 PPT 模板,这些模板适用于 Google Slides 和 Microsoft PowerPoint。

**步骤 2:选择模板**

在首页,您可以通过滚动页面浏览特色模板,或者单击页面顶部的 "Templates" 按钮浏览所有模板。模板被分成不同的类别,如 "Business" "Creative" "Formal" "Inspirational" 等,您可以根据自己的需求选择合适的分类。

**步骤 3:预览模板**

当您找到一个感兴趣的模板时,单击它。您将被带到该模板的详情页,这里有模板的详细介绍、设计特点及一些使用建议。在模板页面,您可以通过单击 "Preview in Google Slides" 或 "Download as PowerPoint Template" 来预览模板。这允许您在决定下载前,先看看模板的具体样式和可用幻灯片。

(略)

**步骤 04** 持续学习。ChatGPT 还可以帮助用户学习有关设计的原则、技巧和趋势。用户可以向它询问关于提高设计技能的建议,或者特定工具的高级功能和使用技巧。

**在对话框中输入:你能为我提供一些提升 PPT 设计技能的建议吗?**

**ChatGPT:**

提升 PPT 设计技能不仅能帮助你创建更吸引人的演示文稿,还能有效地传达你的信息。以下是一些实用的建议。

**1. 了解你的观众**:设计前先思考你的目标观众是谁。了解他们的需求和期望,可以帮助你确定设计的方向和内容的深度。

**2. 保持简洁**:避免页面过于拥挤,每张幻灯片应只传达一个主要观点。

**3. 一致性是关键**:在整个演示文稿中保持字体、颜色和布局的一致性。这不仅使演示文稿看起来更专业,还能加强观众对信息的记忆。

**4. 字体选择**:使用清晰易读的字体,通常演示文稿中推荐使用不超过 3 种字体。

(略)

## 4.6 使用 AI 工具快速生成 PPT

以往用户创作 PPT 总是需要花费大量的时间和精力,但随着人工智能技术的飞速发展,以及各种 AI 工具的出现,创作 PPT 的方式也得到了更新和升级。如今,用户可以巧妙地将 ChatGPT 和其他 AI 工具相结合,轻松快速地创建许多优质的 PPT,提升工作效率。

**1. 思维导图**

生成文本内容 ➡ 一键生成 PPT ➡ 优化与润色

**2. 操作步骤**

在创作 PPT 时,可以先利用 ChatGPT 来生成大纲和文案,然后将文本内容复制到相应的 PPT 在线生成网站中,创建想要的 PPT。

**步骤 01** 生成文本内容。ChatGPT 可以根据具体的主题或概述需求来生成 PPT 大纲,并对文本内容进行细化,在提高创作效率的同时也能保证内容质量。

> 在对话框中输入:**请以"AI 对人类未来的影响"为主题,写一份 PPT 大纲,要求细化各个部分的内容,请以 Markdown 代码的格式进行输出。**

**⑤ ChatGPT:**

\# AI 对人类未来的影响
\## 介绍
- 背景信息
- AI 技术的发展简史
- 当前 AI 技术的应用范围
- 研究的重要性
- 为什么我们需要关注 AI 对未来的影响
\## AI 在日常生活中的应用
- 智能家居
  - **例子**:智能音箱、智能灯光控制
  - **影响**:生活便利性的提升
- 健康医疗
  - **例子**:AI 辅助诊断、远程医疗服务
  - **影响**:医疗服务的可及性和准确性提高
- 教育
  - **例子**:个性化学习平台、在线辅导机器人
  - **影响**:教育资源的均衡分配,提升学习效率
(略)

**锦囊妙计**

Markdown 的语法非常简单直观，既易于编写，又易于阅读。它也因其简洁性、通用性、灵活性、协作友好、内容专注和线上平台的兼容性，成为准备 PPT 大纲或其他类型文档的优选格式。

**步骤 02** 一键生成 PPT。首先利用类似 MindShow 这样的在线生成 PPT 的网站来完成演示文稿。打开 MindShow 官网，注册后进行登录，进入 MindShow 官网首页，单击"导入生成 PPT"按钮，如图 4.5 所示。

图 4.5

选择"Markdown"格式，复制之前由 ChatGPT 生成的文本内容，粘贴到该页面的文本框内，然后单击"导入创建"按钮，如图 4.6 和图 4.7 所示。

图 4.6

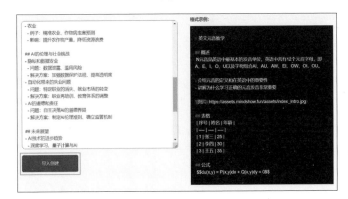

图 4.7

在新弹出的页面中，既可以在左侧继续对 PPT 的文案细节进行调整，又可以在右下方的模板库内更换 PPT 的模板与布局。同时，还可以在右上方对 PPT 进行演示预览。调整完毕后，单击"下载"按钮，选择要导出的文件格式，导出文件，即可完成整个 PPT 的创作，如图 4.8 所示。

图 4.8

**步骤 03** 优化与润色。在利用 MindShow 完成并导出 PPT 文件之后，如果后续还需要优化和调整，例如添加和改变动画效果等，可以在 PowerPoint 里面进行修改。

┌─■ **锦囊妙计** ■─────────────────────────────────┐

除了 MindShow，用户还可以向 ChatGPT 询问一些同类型的网站或工具，包括 ChatPPT、Gamma、Powtoon 等，这些工具各有特色，能帮助用户根据不同的需求和偏好创建演示文稿。选择最适合自己项目需求的平台，可以使演示文稿更加出色。

└──────────────────────────────────────────────┘